教你搭建自己的智能家居系统

第 2 版

杭州晶控电子有限公司　编

机械工业出版社
CHINA MACHINE PRESS

本书以目前最为流行的物联网概念为主线，介绍了智能家居知识及搭建整个智能家居系统的全过程，也是目前国内较早手把手教您搭建智能家居系统的书籍。全书共分为9章内容，包括什么是智能家居、智能家居的产品、智能家居客户端软件、智能家居的工程设计、智能家居的工程方案实例、智能家居常见典型方案实施案例、智能家居的常见问题、智能家居100问、智能家居控制主机的选型。前半部分介绍了智能家居的概念、产品和相关软件；后半部分介绍了工程设计、实施及典型案例。先理论，后实践，让您轻松拥有一个智慧家庭。

为了激发读者朋友对智能家居这一新兴事物的兴趣和爱好，方便读者朋友轻松地学习与搭建智能家居系统，我们拍摄了大量实例照片和视频演示录像。读者朋友可以通过我们的网站获得这些照片和视频，同时更深入、更全面地了解智能家居系统和产品，也可以通过网络平台进行交流，网址为https://www.hificat.com。

本书内容详实、图文并茂、设计方案多样，可供普通家庭、智能家居和智慧小区相关行业从业人员及爱好者阅读。

图书在版编目（CIP）数据

教你搭建自己的智能家居系统 / 杭州晶控电子有限公司编 . —2 版 . —北京：机械工业出版社，2019.1（2020.3 重印）
ISBN 978-7-111-61811-9

Ⅰ . ①教⋯ Ⅱ . ①杭⋯ Ⅲ . ①互联网络 – 应用 – 住宅 – 智能化建筑 – 自动控制系统 Ⅳ . ① TU241-39

中国版本图书馆 CIP 数据核字（2019）第 009283 号

机械工业出版社（北京市百万庄大街 22 号 邮政编码 100037）
策划编辑：林春泉 责任编辑：林春泉
责任校对：黄兴伟 樊钟英 封面设计：鞠 杨
责任印制：李 昂
北京瑞禾彩色印刷有限公司印刷
2020 年 3 月第 2 版第 2 次印刷
184mm × 260mm · 9 印张 · 222 千字
3 001—6 000 册
标准书号：ISBN 978-7-111-61811-9
定价：69.00 元

电话服务 网络服务
客服电话：010-88361066 机 工 官 网：www.cmpbook.com
　　　　　010-88379833 机 工 官 博：weibo.com/cmp1952
　　　　　010-68326294 金 书 网：www.golden-book.com
封底无防伪标均为盗版 机工教育服务网：www.cmpedu.com

前　言

　　近年来，智能家居和智慧小区已经成为现代生活中的热门话题，它们给住宅公寓领域注入了新的概念。它们不仅是媒体关注的焦点、房地产商炒作的题材、专业厂家的旗帜，而且还是现代家庭生活追求的新方向与必要的趋势——智慧化生活，高品质享受。

　　目前，越来越多的专业生产厂家已经进入智能家居领域，业内人士一致看好智能家居市场前景。但令人遗憾的是，智能家居消费市场仍未真正大规模启动。出现这种尴尬局面除了有产品不成熟、定价太高、安装不便等原因外，还有一个很重要的原因是大多数用户对智能家居没有一个清晰的认识，他们根本无法全面了解这个领域的知识，且不要说智能家居专业技术资料，就连普及读物也没有，更谈不上指导安装。智能家居行业迫切需要向潜在的用户普及智能家居知识的读物，这也是我们编写本书的初衷，拉近智能家居和普通大众的距离，把智能做到平民化。

　　本书是较早全面介绍智能家居概念、产品、实施及安装的书籍。全书共分为9章内容，包括什么是智能家居、智能家居的产品、智能家居客户端软件、智能家居的工程设计、智能家居的工程方案实例、智能家居常见典型方案实施案例、智能家居的常见问题、智能家居100问、智能家居控制主机的选型。以杭州晶控电子有限公司的智能家居产品为主线，先介绍了智能家居的概念、产品、相关软件；然后介绍了工程设计、实施及典型案例。先理论，后实践，让您轻松拥有一个智慧家庭，更多详细信息可以访问网站 https：//www.hificat.com 进行浏览或观看相关视频演示。

　　智能家居DIY是本书的重点，也是本书的最大特色，突出实用性，对典型智能家居实例进行分析，使读者真正地了解如何设计、安装属于自己的智能家居系统。

　　最后，特别感谢各位同事和朋友的热心帮助，使得本书能够顺利完成。他们是杭州师范大学钱江学院安康，以及马宇平、张一凡、杜小利、杨丹枫、孙燕、邵磊、韩珈骏、赵志杰等。我们衷心盼望本书能够对爱好智能家居的朋友有所帮助。

　　由于本书实例和演示图片较多，作者水平有限，难免有错误与不妥之处，不足之处还请广大读者批评指正。

徐　玮

目 录 Contents

前 言

智能主机 全屋联动

第1章 什么是智能家居

1.1 智能家居的现状

1. 从普及概念到推广技术

2014年被誉为是智能家居的元年，几乎所有家电巨头都在对智能家电领域进行排兵布阵和跑马圈地。发展至今有无数大企业和小公司进入这一领域并推出相关产品。

经过4年的洗礼，我国智能家居行业虽然已经走过了普及概念阶段，但是由于发展缓慢，智能家居行业还没有得到普及，还有部分消费者表示未听说过智能家居。

据了解，85%以上的消费者表示听说过智能家居，但是尚不知道智能家居到底包括哪些设备，具备什么功能。自从智能家居行业引进以来，没有统一的标准明确规定智能家居的基本需求是什么，从而使得消费者的认知一直处在较为模糊的阶段。

从众多智能家居企业的推广方式来看，智能家居行业还处在技术初级阶段，在销售的各个阶段都只注重产品技术的先进性体现，而忽视了产品的易用性。然而恰恰是产品的易用性和实用性将决定该行业是否能快速发展。

所以，通过技术培养用户或消费者的一切努力都将是徒劳的。对于消费者来说，他们很难知道技术到底是怎样的，他们更关心的是智能家居设备到底能给自己带来什么样的便利。

2. 智能家居与消费者的期望

消费者对于智能家居大都有如下的看法：

智能家居对消费者的吸引力巨大是因消费者对未来生活的向往和舆论的大力宣传。国内产业界也对此充满期待，舆论声势浩大。而国内互联网企业正试图通过互联网颠覆每一个传统企业，家居行业也不例外。

而对于家电企业来说，已经很久没有可以让人兴奋的关注点了，智能家居恰恰是这样一个契机。而对于投资者来说，钱从来不是问题，问题是没有好的项目，智能家居市场容量如此之大，乃至于其中的每一类产品几乎都让人有无限的想象空间，于是资本也蜂拥而至。

然而相反，消费者对目前的产品颇不满意：一是因为国内智能家居发展速度较国外慢，二是智能家居概念庞大，涉及产业链上下游极广、节点众多，任意一个条件不充分对于产品的体验和推广都是致命打击。国内智能家居的发展原本就处于初级阶段，加之一些厂商在新品上滥用智能之名，对用户造成了一定误导，以致产生这样的结果。

3. 智能家居厂商

智能家居产品涵盖家居生活中娱乐、安防和健康医疗等多个场景，可以分成以下几类：

1）智能家居产品种类多样，在很多场景中能够提供更为舒适、便捷和节能的人性化家居环境。

2）智能家居产品能够互通互联组成不同系统，逐渐由手机控制发展为语音控制的自然的人机交互模式。

3）智能家居厂商通过智能家居产品更注重用户的使用习惯，从而为推进个性化服务、精准营销等积累数据基础。

此外，供应链平台为智能家居硬件创业公司提供服务。

1）创业公司在供应链上缺乏资源，供应链平台提供以智能硬件供应链为核心的服务，帮助创业公司完成从创意到产品的转变。

2）传统供应商与新兴创业公司之间面临着产能矛盾，供应链平台推出 O2O 服务，为供应商与创业公司提供沟通桥梁。

3）通过为创业团队提供"硬件＋软件＋云服务"等服务，供应链平台打造以供应链为核心的智能家居硬件开放平台，形成智能家居硬件产业生态系统。

劳动力成本优势催生了国内代工厂的发展，创业公司优先选择从系统集成领域进入市场，主要体现在以下几类：

1）智能家居由爆款单品向智能家居系统发展，系统集成商占据优势。

2）代工厂仍需发挥劳动成本优势，在生产过程中，通过提升技术提供精细化、定制化服务。

3）系统集成商弱化硬件生产劣势，利用技术提供各类解决方案，但市场中各类解决方案良莠不齐，系统集成厂商需进一步强化技术支持能力。

4. 智能家居系统平台及应用

智能家居平台已搭建完成，现阶段手机仍是主要的控制终端，以"手机 +ZigBee/ 射频 /WiFi"的控制模式，实现对智能家居产品的多样化控制。

目前，互联网巨头及传统家电巨头正积极搭建智能家居平台，推动智能家居向系统化方向发展。随着智能家居平台的完善，在过渡时期中作为控制中心的手机将逐渐被其他更适宜的智能家居系统控制方式所取代，现有的智能音箱、智能路由器、家用服务机器人等都在向智能家居控制中心发展。

5. 渠道分析

1）智能家居营销渠道分析　目前，国内智能家居主要的市场为高端市场：别墅（零售、工程）、智能小区（工程）。增长最快的市场是智慧酒店（工程）和智能办公（工程），普通住宅智能家居（零售）市场却发展很慢。

2）主要市场渠道格局分析

① 零售渠道分析　我国智能家居行业设备的零售渠道主要通过两种途径达到消费者（最终用户）那里，第一种为通过代理商，有代理商找相关的专业工程商负责为最终用户安装调试并交付使用；第二种为厂家开设形象店，由形象店为最终用户进行安装调试。

② 工程渠道分析　智能家居设备的工程渠道主要包括两个方面，第一方面是直接通过房地产开发商，由房地产开发商在住宅建设安装的过程中完成安装调试，然后交付使用；另一方面是通过系统集成商，系统集成商将智能家居设备转手到地产开发商或酒店管理公司，由他们负责安装调试，最后交付给消费者。

3）不同渠道市场份额分析　目前，我国智能家居市场渠道主要通过房地产商和系统集成商进行销售，也就是工程渠道销售，从统计数据来看，通过工程渠道的销售额占比达到80%，通过零售渠道的销售额占比为20%左右。这充分说明，很少有消费者会主动通过零售渠道购买智能家居设备，特别是如果智能家居设备的易用性又不高的情况下，消费者更加不愿意购买。

智能家居设备市场不同销售渠道的市场份额如图1-1所示。

图 1-1　智能家居产品各渠道市场份额（单位：%）

6. 智能家居行业发展前景预测

1）建筑智能化市场前景预测　如果从广义的建筑来看，智能家居设备主要应用在智能建筑中。智能建筑行业发展潜力极大，被认为是我国经济发展中一个非常重要的产业，其产业带动作用更是不容小觑。据统计，美国智能建筑占新建建筑的比例为70%，日本为60%。2015年，我国智能建筑占新建建筑的比例在30%左右。

我国智能建筑起步于1990年，比美国晚了6年，比日本晚4年，通过对比美国和日本智能建筑的发展历程，预计未来我国智能建筑在新建建筑中的比例仍将保持每年3个百分点的提升速度，到2021年，我国智能建筑在新建建筑中的比列有望达到57%。

2）智能家居设备行业前景预测　从狭义来看的智能家居设备应用，主要集中在商品住宅市场，其中别墅及高档公寓的应用比例处于较高的水平。如果从每年房屋竣工面积来看，2016~2021年我国新建商品住宅中智能家居设备市场规模预测见表1-1。

表 1-1　2016~2021年我国新建商品住宅中智能家居设备市场规模预测

时间	房屋竣工面积 / 万 m²	智能家居覆盖率（假设）	智能家居销售单价 / 元 /m²	智能家居设备市场规模 / 亿元
2016 年	106041.34	0.22%	112	261
2017 年	112403.82	0.25%	115	323
2018 年	119148.05	0.28%	120	400
2019 年	126296.93	0.30%	135	512
2020 年	133874.75	0.33%	150	663
2021 年	141907.23	0.36%	155	793

资料来源：CRIC 整理，易居企业集团、克而瑞制图。

1.2　智能家居的功能

一般来说，一个完整的智能家居系统应具有以下功能：智能灯光控制、智能电器控制、安防监控系统。根据不同实际情况，业主可以选择不同功能。

智能家居的主体在于家庭自动化，未来家庭自动化的主体是家电、照明等电气设备的控制。自动化系统采用集中或者分布式控制，住户可以通过网络或者电话远程控制家庭内部设备，家居自动化系统是智能家居的主要发展方向。

家居安防系统可以有效地利用技术安全防范手段来实现居家安全防范。家居安防系统包括防盗、防燃气泄漏、防火等功能，并具备远程监控，住户可以通过网络或电话随时了解家内情况，同时可远程监听或监视家庭内部情况。

随着人们对生活体验的个性化要求越来越高，家庭内部影音系统、家庭内部环境、网络虚拟环境等需求也越来越高，人们用在这方面的消费支出也将越来越多，未来的智能化家居也会更多地满足人们在这些方面的需求。

1. 智能灯光控制

实现对全宅灯光的智能管理，可以用遥控等多种智能控制方式实现对全宅灯光的遥控开关、调光，全开全关及"会客、影院"等多种一键式灯光场景效果的实现；并可用定时控制、电话远程控制、计算机本地及互联网远程控制等多种控制方式实现功能，从而达到智能照明的节能、环保、舒适和方便的功能。

> **优点：**
> 1）控制：就地控制、多点控制、遥控控制、区域控制等。
> 2）安全：通过弱电控制强电方式，控制回路与负载回路分离。
> 3）简单：智能灯光控制系统采用模块化结构设计，简单灵活、安装方便。
> 4）灵活：根据环境及用户需求的变化，只需做软件修改设置就可以实现灯光布局的改变和功能的扩充。

2. 智能电器控制

电器控制采用弱电控制强电方式，即安全又智能，可以用遥控、定时等多种智能控制方式实现对在家里饮水机、插座、空调、地暖、投影机和新风系统等进行智能控制，避免饮水机在夜晚反复加热影响水质，在外出时断开排插通电，避免电器发热引发安全隐患；以及对空调地暖新风系统进行定时或者远程控制，让您到家后马上享受舒适的温度和新鲜的空气。

> **优点：**
> 1）方便：就地控制、场景控制、遥控控制、电话计算机远程控制和手机控制等。
> 2）控制：通过红外或者协议信号控制方式，安全方便互不干扰。
> 3）健康：通过智能检测器，可以对家里的温度、湿度和亮度进行检测，并驱动电器设备自动工作。
> 4）安全：系统可以根据生活节奏自动开启或关闭电路，避免不必要的浪费和电气老化引起的火灾。

3. 安防监控系统

随着人们居住环境的升级，人们越来越重视自己的个人安全和财产安全，对人、家庭以及住宅的小区的安全方面提出了更高的要求；同时，经济的飞速发展伴随着城市流动人口的急剧增加，给城市的社会治安增加了新的难题，要保障小区的安全，防止偷抢事件的发生，就必须有自己的安全防范系统，人防的保安方式难以适应我们的要求，智能安防已成为当前的发展趋势。

通过网络摄像头，它可以将本地的动态视频通过网络传输到世界各地有网络连接的地方，通过互联网，用户可以随时看到想监控的地方，拓展了人类的视野范围。网络摄像头的视频传输基于 TCP/IP，内置 Web 服务器支持 Inertnet Explore，用户可以通过 Web 页面管理和维护您的设备，实现远程配置。您可以监控家庭、办公室、工厂、连锁店和幼儿园等需要监控的场合，通过网络监控，可以对想监控的地方一览无余，在时间和空间上都大大方便了用户。

智能安防报警系统是同家庭的各种传感器、探测器及执行器共同构成的家庭安防体系，是家庭安防体系的"大脑"。报警功能包括防火、防盗、煤气泄漏报警及紧急求助等功能，由主机管理控制，实现对匪情、盗窃、火灾、煤气和紧急求助等意外事故的自动报警。

优点：

1）安全：安防系统可以对陌生人入侵、煤气泄漏和火灾等情况提前及时发现并通知主人。

2）简单：操作非常简单，可以通过遥控器或者门口控制器进行布防或者撤防。

3）实用：视频监控系统可以依靠安装在室外的摄像机有效地阻止小偷进一步行动，并且也可以在事后取证给警方提供有利证据。

---

4. 其他功能

1）遥控控制：您可以使用平板计算机、手机控制家中灯光、热水器、电动窗帘、饮水机和空调等设备的开启和关闭；通过显示屏可以在一楼（或客厅）查询并显示出二楼（或卧室）灯光电器的开启/关闭状态；同时可以控制家中的带红外线遥控器的电器。如：电视、蓝光播放器和音响等设备。

2）电话远程控制：高加密（电话识别）多功能语音电话远程控制功能，当您出差或在外办事，您可以通过手机控制家中的空调、窗帘、灯光和电器，提前制冷/制热或进行开启/关闭电器设备，也可以通过手机自动给花草浇水，给宠物喂食等。

3）定时控制：您可以提前设定某些电器的自动开关时间，如：电热水器每天晚上 20:30 分自动开启加热，23:30 分自动断电关闭，保证您在享受热水洗浴的同时，也满足您对省电、舒适和时尚的需求。当然电动窗帘的自动开启与关闭更是绰绰有余。

4）集中控制：您可以在进门的玄关处通过墙上的平板计算机就可以打开客厅、餐厅和厨房的灯光、厨宝等电器，尤其是在夜晚您可以在卧室控制客厅和卫生间的灯光，既方便又安全，还可以查询它们的工作状态。

5）场景控制：您轻轻触动一个按键，数种灯光、电器在您的"意念"中自动执行，使您感受和领略科技时尚生活的完美、简捷和高效。

6）网络远程控制：出门在外，只要有网络的地方，您都可以通过 Internet 轻松控制家中的电器设备。如：您出差在外地，登录智能家居系统，您就可以控制远在千里之外您自家的灯光、电器，在返回住宅上飞机之前，将您家中的空调或是热水器打开…

1.3 智能家居系统的解决方案

1. 灯光插座控制

1）有线控制：有线控制的结构为将控制器放置于强电箱内，开关和中控主机分别通过弱电控制电路进行控制，如图1-2所示。

> **优点**：安全稳定。
>
> **缺点**：方案设计要求高，线路架设要求高，后期拓展改动困难。

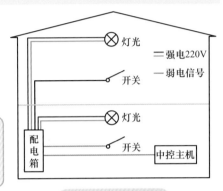

图1-2 有线控制

这种方式在智能家居发展初期使用较多，是从工业控制转变而来，主要适用大面积的商用场所等有专人集中管理的场所。

2）无线控制：无线控制的结构，大体上与传统的家装布线方式一样，遥控开关直接控制灯光，中控主机发射无线信号控制开关的工作状态，如图1-3所示。

> **优点**：安装和布线简单，与传统布线方式一样。

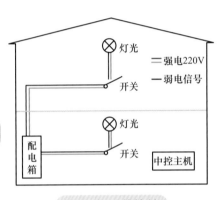

图1-3 无线控制

2. 背景音乐系统

背景音乐系统也大致可以分为两个类型，一类为中央式背景音乐，另一类为分体式背景音乐。

1）中央式背景音乐：其结构就如我们在单位或是营业场所的背景音乐类似，即一台功放主机连接多个音箱，只不过专业的中央背景音乐可以分区调控，每个分区都会有一个弱电面板，可以独立控制该区播放不同的音乐，如图1-4所示。

> **优点**：音质效果好，覆盖区域广，易控制，即可统一播放，也可分区播放。
>
> **缺点**：线路复杂，成本高，适合大宅或要求较高的客户。

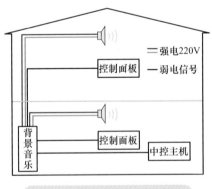

图1-4 中央式背景音乐系统

2）分体式背景音乐：其结构就相当于是多个小型的中央背景音乐单元，每个区域都是独立的，如图1-5所示。

> **优点**：安装结构简单，适合区域改造和小户型，成本低。
>
> **缺点**：功率有限，音箱数量和功率有限制，不能所有区域统一播放，但个人认为反而比较适合多数家庭。

3）电动窗帘/电动门窗：电动窗帘和门窗，主要由控制面板和电机及轨道组成，只需要控制电机极性即可实现打开和关闭，所以控制方式比较简单，只需要铺设好 220V 电源线即可（也可安装开关面板，实现触控控制），智能家居中控主机与窗帘电机或控制面板之间，通过无线信号衔接。

4）安防系统：安防系统可以分为视频监控和报警传感器，这两类在结构上都有无线与有线两种。视频监控主要通过使用网络摄像头，实现远程视频监控与录像。不同类型的传感器与智能主机相连，可以实现各种类型的防盗报警功能。

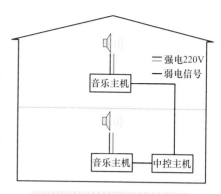

图 1-5 分体式背景音乐系统

1.4 智能家居的特点及优势

智能家居在国内已经历了多年的概念推广及发展，现已被人们认识并接受。应该说，自 1998 年，国内开始提出"智能家居"这个概念，同时通过社会的热炒，人们已对智能家居有了一定的认识，但由于没有真正适合市场的产品，所以真正的应用并没有太大的突破，倒是智能家居里最重要的组成部分家居安防及小区安防得到了迅猛的发展，而且技术上明显表现为以智能防范小区嵌套智能防范家居的特点，这种技术目前已被市场接受，同时亦显现出其无比的竞争优越性。随着近年网络技术的日趋成熟和发展，更高层次的基于 TCP/IP 的数字社区及所捆绑的智能家居结构特点的应用，正浮出水面，并迅速被市场所接受，可以说，真正意义的智能家居，正迎来市场的大发展阶段。

目前，智能家居已是商品房建设中一项非常热门的产品，它已被越来越多的中高档楼盘、别墅豪宅等使用，我们认为目前智能家居系列产品按市场需求热度排列，依次为可视对讲、智能家居报警系统、信息发布及社区服务系统、智能灯光控制系统、网络远程监控系统、智能遮阳系统和远程家电控制与空调控制系统等。这些智能系统的使用使人们真正地体验到生活在时代最前端的快乐与便捷。

1. 节能减耗

可利用定时装置和传感装置控制系统，做到只在合适的时候提供照明及空调，可根据环境的光线自动调节照明的亮度，借此可以实现节能省耗，真正实现当今流行的"低碳生活"概念。

2. 管理轻松

可通过操作面板、手机、iPad、遥控器等登录网络进行对灯光、窗帘及其他电器设备的控制；可随时了解家中的各种照明及家用电器的状态，可以根据实际需要，只需轻触一个按键实现对电器、电灯的开关和调节。

3. 维护方便

智能系统特有的零功耗、光电隔离使得系统较其他同类产品更加安全稳定，同时系统采用集中式模块化的安装维护方式，局部的模块问题不影响整个系统的运行。可轻松扩展或拆卸相应的模块，使得对系统的日常维护变得轻松方便。

4. 安全可靠

通过智能控制主机可对房子内各个区域的灯光、电动窗帘等设备进行集中监视和控制，出现故障时可立即通知管理人员，提前做好故障的处理准备，能有效地避免意外发生。

5. 时尚个性

可按照客户的要求，配合家居装饰，设置灯光控制方式，凸显用户的时尚和个性的张扬，实现用户的独特需求。

1.5　智能家居的设计原则

1. 实用性

智能家居最基本的目标是为人们提供一个舒适、安全、方便和高效的生活环境。对智能家居产品来说，最重要的是以实用为核心，摒弃那些华而不实，只能充作摆设的功能，产品以实用性、易用性和人性化为主。

在设计智能家居系统时，应根据用户对智能家居功能的需求，整合以下最实用、最基本的家居控制功能，如智能家电控制、智能灯光控制、电动窗帘控制、防盗报警、门禁对讲、煤气泄漏报警等，同时还可以拓展诸如三表抄送、视频点播等服务增值功能。很多个性化智能家居的控制方式也很丰富多样，比如：本地控制、遥控控制、集中控制、手机远程控制、感应控制、网络控制和定时控制等，其本意是让人们摆脱繁琐的事务，提高效率，如果操作过程和程序设置过于繁琐，容易让用户产生排斥心理。所以对智能家居的设计一定要充分考虑到用户体验，注重操作的便利性和直观性，最好能采用图形、图像化的控制界面，让操作所见即所得。

2. 可靠性

整个建筑的各个智能化子系统应能24小时运转，系统的安全性、可靠性和容错能力必须予以高度重视。对各个子系统，以电源、系统备份等方面采取相应的容错措施，保证系统正常安全使用，质量、性能良好，具备应付各种复杂环境变化的能力。

3. 标准性

智能家居系统方案的设计应依照国家和地区的有关标准进行，确保系统的扩充性和扩展性，在系统传输上采用标准的TCP/IP网络技术，保证不同厂商之间系统可以兼容与互联。系统的前端设备是多功能的、开放的、可以扩展的设备。如系统主机、终端与模块采用标准化接口设计，为家居智能系统外部厂商提供集成的平台，而且其功能可以扩展，当需要增加功能时，不必再开挖管网，简单可靠、方便节约。设计选用的系统和产品能够使本系统与未来不断发展的第三方受控设备进行互通互连。

4. 方便性

布线安装是否简单直接关系到成本、可扩展性、可维护性的问题，一定要选择布线简单的系统，施工时可与小区宽带一起布线，简单、容易；设备方面容易学习掌握，操作和维护简便。系统在工程安装调试中的方便是设计的重要环节。家庭智能化的显著特点就是安装、调试与维护的工作量非常大，需要投入大量的人力、物力，成为制约行业发展的瓶颈。针对这个问题，系统在设计时，就应考虑安装与维护的方便性，比如系统可以通过Internet远程调试与维护。通过网络，不仅使住户能够实现家庭智能化系统的控制功能，还允许工程人员在远程检查系统的工作状况，对系统出现的故障进行诊断。由于系统设置与版本更新，可以在异地进行，从而大大方便了系统的应用与维护，提高了响应速度，降低了维护成本。

第2章

智能家居的产品

2.1　KC868 智能家居控制主机

KC868 智能家居主机是一款基于 ZigBee、射频、485、GSM 网络及以太网交互协议的智能家居控制主机，外观时尚新颖，软件操作界面亲切人性化。它具备强大的网络功能和灵活的自动化控制方式，是目前功能最全面、性价比最高的智能家居控制主机，无论何时何地，都可以通过客户端软件对您的住家实行实时监控，轻松实现您的智能家居梦想，如图 2-1 所示。

图 2-1　KC868 智能家居控制主机

1. 规格参数
- 主机尺寸：200mm×150mm×30mm。
- 外形颜色：黑色。
- 电　　压：DC 9V。
- 环　　境：温度：-20~60℃，湿度：10%~80%。
- 通信距离：射频 315MHz，空旷环境距离大于 100m。

　　　　　　射频 433MHz，空旷环境距离大于 100m。

　　　　　　2.4GHz ZigBee 自组网的方式通信，空旷环境距离大于 20m。

2. 产品特点
- 无线控制：支持长距离 315MHz 无线射频发射（空旷环境距离大于 100m）。
- 组合控制：支持定时控制，任何搭配情景模式动作。
- 网络控制：支持宽带网、GPRS 网络系统。

　　　　　　支持移动手机平台客户端软件、Android、iOS 和 pad 平板。

　　　　　　支持远程网络固件升级。
- 扩展控制：配合无线红外转发器，实现多路无线转红外控制。

　　　　　　配合无线温湿度传感器，支持多点温度、湿度无线监控。

3. 安装简易方便

全部使用无线控制，不需改变原有的装修与线路，随时可增添设备。

2.2　ZigBee 远距离全角度红外遥控信号无线转发器

远距离全角度红外遥控信号无线转发器适用于大部分空调、电视机、DVD 碟机、功放、音响和有线电视机顶盒等红外线遥控产品。产品采用吸顶式设计，使用方便。内置大功率红外发射管，发射角度为全方位360°，全方位覆盖房间的每一个角落，轻松实现高灵敏、高准确控制，如图 2-2 所示。

1. 规格参数
- 工作电压：DC 5V。
- 外形颜色：白色。
- 设备功率：0.2W。
- 组网方式：ZigBee。
- 无线频率：2.4GHz。
- 工作环境：温度（−10~80℃）；湿度（10%~95%）。

2. 产品特点
- 无死角转发（360° 全角度转发）。
- 自组网传输。
- 大容量存储（16MB Flash 存储容量）。
- 超强兼容性（适用家用 DVD、电视和空调等红外设备）。
- 低电压工作（DC 5V）。

图 2-2　ZigBee 外观图

2.3　ZigBee 无线信号中继器

ZigBee 无线信号增强器能转发相应的无线信号，以增大控制距离，如图 2-3 所示。

1. 规格参数
- 发射频率：2.4GHz。
- 静态电流：≤ 22mA。
- 转发电流：≤ 250mA。
- 供电电压：DC 5V。
- 工作环境：温度（−10~55℃）；湿度（10%~93%）。

2. 产品特点
- 用于转发无线信号，增大传输距离。
- 稳定可靠，抗干扰能力强。
- 体积小巧，安装简单。
- 外置天线，稳定可靠。

图 2-3　ZigBee 无线信号中继器

2.4　ZigBee 无线智能开关面板

高品质水晶触摸遥控面板，将先进的无线独立控制码与艺术设计理念相结合，适用于客厅、卧室、办公室和别墅等多种场合。跨越传统的外观设计思维，彰显科技生活品味，极具时尚魅力；用户可根据居室装修风格选择不同的开关面板颜色，定制 LOGO 和面板图案，让您的家居充满您的设想，更具个性化，享受更多生活乐趣，如图 2-4 所示。

1. 规格参数

- 产品尺寸：86mm×86mm×30mm。
- 整机重量：150g。
- 工作电压：AC 110~250V/50~60Hz。
- 负载功率：每路 300W。
- 无线参数：2.4GHz。
- 传输距离：<20m。
- 静态功耗：<0.05mW。
- 工作环境：温度（−10~80℃）；湿度（10%~95%）。
- 使用寿命：100000 次操作。
- 产品颜色：白色 / 金色。
- 产品材质：阻燃 ABS。
- 供电方式：零、相线供电。

图 2-4　ZigBee 无线智能开关面板

2. 产品特点

- 首创高强度钢化玻璃面板：炫彩透明，边缘精细打磨，钢化玻璃面板阻燃，防碎，有超强质感。经久耐用，永不变色。
- 高灵敏电容触摸式按键：高贵的蓝色背景夜光设计，尊贵典雅，极具时尚魅力，处处体现时尚和科技的结合。
- 零、相线供电方式：零、相线供电，适用于白炽灯、电子式荧光灯和射灯等。
- 美国进口微计算机控制技术：工业级电路设计，触摸体验更灵活，封闭式纯银触点，独家专利的微安级功率设计，更节能环保。

2.5　86 型智能插座面板

　　智能插座面板采用国际先进的数字技术及微处理技术研发而成，可用 1 个遥控器控制多个插座；无方向、可穿墙，既可手控也可遥控，互不影响，抗干扰性能强。安装方便，直接替换原有墙壁插座。适用遥控切断电源的各种电器控制，节能、安全，可延长电器使用寿命，如图 2-5 所示。

1. 规格参数

- 产品尺寸：86mm×86mm×21mm。
- 工作电压：AC 180~ 240V。
- 工作温度：−10~80℃。
- 相对湿度：10%~93%。
- 遥控频率：315MHz。
- 遥控距离：空旷地 1000m。
- 最大功率：阻性负载为 2200W，感性和容性负载为 880W。

图 2-5　86 型智能插座面板

2. 产品特点

- 安装简单：传统的墙壁开关，无需改变传统布线方法，更不会破坏原来的装修。

- 位置灵活：分离式可移动，易贴面板，可以随心所欲地安装在您认为方便控制的地方。
- 配置随意：可随时随地地增加控制模块或遥控器，可局部配置，也可全套配置。
- 节约材料：模块式智能开关，电源直接布到灯具，无须回路控制线，所有灯具采用并联方式，一个房间只要一路线，省线、省时、省力；分离式可移动，易贴面板，控制设备多达 144 路，而传统 86 开关面板最多只能控制 3 路。
- 美观实用：国际流行彩色面板，色彩多样；高端电气材料制造，强度高、无污染、安全、环保；表面处理技术和工艺手段先进、耐磨、不褪色和抗老化。
- 控制多样：直按（144 路），编码（1000 路）。可接驳各种家用照明电器，白炽灯、荧光灯、节能灯和电风扇等用电设备。
- 使用安全：无线操作远离强电，老人、小孩使用很安全，更为放心。
- 智能保护：超压、过载保护；来电关机。
- 质量可靠：采用标准元器件并严格筛选，经 48 小时高压老化测试，确保开关次数达 10 万次。
- 维护方便：使用标准接线插头，更换时无须拆改线，即插即用。

2.6　智能电动窗帘

　　86 型无线窗帘控制面板可以控制任意四线制（公共线、正转线、反转线、地线）/ 五制线（公共线、正转线、反转线、零线、相线）的电机，电机电压为交流 220V，控制盒可以实现电机的正转、反转和停止操作，如图 2-6 所示。

1. 规格参数

- 面板尺寸：86mm×86mm×30.5mm。
- 颜色：白色。
- 材质：阻燃 ABS。
- 工作电压：交流 110~250V/50Hz。
- 使用寿命：100000 次操作。
- 工作频率：315MHz。
- 温度环境：−10~80℃；相对湿度 <95%。
- 待机功耗：<0.0088W。

图2-6　86型无线窗帘控制面板

2. 产品特点

- 安装方便：标准 86 式墙壁开关外型设计，零、相线供电。
- 兼容控制：可接四线制或者五线制的窗帘电机。
- 隔墙遥控：可隔墙进行无线远距离遥控（在房间可遥控客厅的窗帘）。
- 互不干扰：采用数字编解码技术，无方向性，与邻居家的同型号产品间不会互相干扰。
- 双重控制：既可用墙上开关控制，也可遥控控制，使用更方便。
- 集中遥控：一个多键的遥控器可集中控制全家的电动窗帘。
- 群控功能：可让遥控器上的一个按键同时控制任意多路电动窗帘，让这些窗帘同时开或同时关。
- 总开、总关：遥控器上可自由设定总开或总关按键，轻松按下一个按键就能打开或关掉所有窗帘。

- 智能识别：开关能识别本公司系列产品中的任一遥控器，开关和遥控器不必配套购买，用户可自由选配，随意升级添加并自行配置。

2.7 电动开窗器

电动开窗器外壳采用铝合金压铸工艺，具有外形美观、结构紧凑、传动阻力小、噪声小和安装方便等特点。它可根据使用要求附设遥控、烟控、温控、风控和雨控等传感装置自动控制窗扇启闭。广泛应用于候机大厅、工业厂房和民用建筑的上悬天窗、中悬天（侧）窗和下悬天（侧）窗等的启闭，也应用于其他启闭形式相似的采光窗，如图2-7所示。

1. 规格参数

- 最大力矩：250N·m。
- 工作电流：0.8A。
- 工作行程：150~500mm。
- 运行速度：8mm/s。
- 工作电压：AC 220V。
- 环境温度：−15~50℃。
- 保护等级：IP32。

图2-7 电动开窗器

2. 产品特点

- 适用于开启各类上、中、下悬窗、平开窗、天窗以及玻璃幕墙。
- 精美、简洁的外形设计，多种安装方式可供选择。
- 采用双层金属链片设计，运行时更稳定、顺畅。
- 具有电子控制过载保护装置。
- 大于30000次推出及拉回测试。

2.8 网络摄像头

网络摄像头是一种通过网络传输动态视频的设备，它可以将本地的动态视频通过网络传输到世界各地有网络连接的地方，通过互联网，用户可以随时看到想监控的地方，拓展了人类的视野范围。网络摄像头的视频传输基于TCP/IP。内置Web服务器支持Inertnet Explore，用户可以通过Web页面管理和维护您的设备，实现远程配置，启动和升级固件。您可以使用网络摄像头监控家庭、办公室、工厂、连锁店和幼儿园等需要监控的场合，通过网络监控，可以对想监控的地方一览无余，在时间和空间上都大大方便了用户，如图2-8所示。

1. 规格参数

- 快门：快门自适应。
- 镜头：4mm@F2.2，对角视场角100°，水平85°。

图2-8 网络摄像头

- 云台角度：水平 0°~340°，垂直向上 105°，向下 15°。
- 镜头接口类型：M12。
- 日夜转换模式：ICR 红外滤片式。
- 数字降噪：3D 数字降噪。
- 宽动态范围：数字宽动态。
- 隐私遮蔽：支持。
- 压缩标准：视频压缩标准 Smart H.264。
- H.264 编码类型：Main Profile。
- 视频压缩码率：超清、高清、均衡，码率自适应。
- 音频压缩码率：码率自适应。
- 图像：最大图像尺寸为 1920×1080，支持双码流。
- 帧率：最大 15 帧，网传帧率自适应。
- 图像设置：亮度、对比度、饱和度等（通过萤石工作室客户端调节设置）。
- 背光补偿：支持。
- 网络功能：智能报警、移动侦测。
- 一键配置：Smart Config、声波配置。
- 接口：存储接口 Micro SD 卡（最大 128GB）。
- 电源接口：Micro USB 接口。
- 有线网口：一个 RJ45，10M/100M 自适应以太网口。
- 无线参数：无线标准　IEEE 802.11b、802.11g、802.11n。
- 频率范围：2.4 ~ 2.4835 GHz。
- 信道带宽：支持 20MHz。
- 安全：64/128bit WEP、WPA/WPA2、WPA-PSK/WPA2-PSK。
- 传输速率：11b：11Mbit/s，11g：54Mbit/s，11n：150Mbit/s。
- 一般规范：工作温度 −10~45℃，湿度小于 95%（无凝结）。
- 电源供应：DC 5V±10%。
- 功耗：最大 5.5W。
- 红外照射距离：10m（因环境而异）。
- 尺寸：87.7mm×87.7mm×112.7mm。
- 重量：256g（裸机）。

2. 产品特点

- 支持本地和远程观看。
- 支持无线 Wi-Fi。
- 支持 8~128GB 存储卡。
- 支持红外夜视。
- 支持手机观看。
- 双向语音、内置送话器、可外接扬声器。
- 自带云台，可全方位控制。

2.9 LED 变色灯

LED 变色灯具有多种颜色变化功能，配合智能家居主机或遥控器可实现多种工作模式。可用于营造氛围、特殊照明等功能。灯内自带无线智能控制，既可单灯独立使用也可多灯同时使用，如图 2-9 所示。

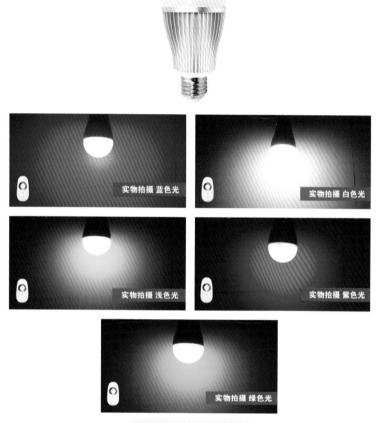

图 2-9　LED 变色灯

1. 规格参数

- 产品尺寸：60mm×115mm（直径 × 长度）。
- 无线参数：315MHz。
- 产品功率：3W。
- 工作环境：温度（-20~40℃）；湿度（5%~95%）。
- 额定电压：AC 90~265V（50~60Hz）。
- 型材材质：航空铝材。
- 芯片型号：进口彩色芯片。
- 发光角度：180°。
- 发光颜色：RGB 全彩。
- 产品寿命：光效时长 >50000h。
- 接口方式：E27。

2. 产品特点

- 效率高、能耗小。耗电为节能灯的 50%，白炽灯的 10%。
- 光线质量好，光谱中没有紫外线和红外线，发热量小，无辐射。
- 寿命长，正常使用寿命可达 50000h。
- 使用安全，单体工作电压约为 3.2~3.7V，工作电流约为 320~700mA。
- 坚固耐用，LED 灯跌落一般不会对产品造成破坏性伤害，运输过程中损坏概率很小。
- 绿色环保，废弃物可回收利用，无污染。
- 通用灯具型材，适用于所有 E27 接口灯座。
- 独立无线收发模块，既可以单灯工作，也可以多灯同时控制。
- RGB 全彩灯珠，可调光调色。
- 宽电压设计，全球通用。
- 内置 CPU 控制，可实现调光、调色及智能控制。

2.10　背景音乐系统

背景音乐系统如图 2-10 所示。

1. 规格参数

图 2-10　背景音乐系统

- 产品尺寸：86mm×86mm×48.5mm。
- 调谐范围：87.5~108MHz。
- 负载阻抗：4~8Ω。
- 输出功率：2×15W。
- 频响特性：20~2000MHz。
- 供电电压：DC 15V。
- 面板功率：5W。
- 面板颜色：白色。

2. 产品特点

- 触摸点播：精美外观设计，水晶镜面、简洁大气。3in[⊖] TFT，触摸按键操作。
- HiFi 标准音质：内置进口飞利浦数字功放，失真小、效率高和音质完美。
- USB 和 SD 卡即插即播放音乐。
- 支持音乐格式：MP3、WMA、APE、FLAC、OGG、AAC、AC3、DTS 等音乐格式，支持 LRC 格式的歌词。
- 音效模式：流行、平滑、爵士、重音、一般和摇滚等多种音效模式。
- 播放模式：循环播放、顺序播放、随机播放和单曲循环。
- 电子相册：JPG、BMP、GIF、PNG 等格式图片轻松浏览，可将喜爱的图片设置为背景图片，并可以进行幻灯片观看，多种切换效果选择。
- FM 收音机功能，手动 / 自动选台操作，隐藏式拉杆天线，20 个电台预设存储。后台播放选择，让您快捷收听电台。
- HOST USB 功能：U 盘直接读取播放功能。

⊖　1in=25.4mm。

- 时钟显示功能：待机模拟时钟显示功能。
- 断电记忆功能：记忆关机前设置的状态。
- 红外线遥控功能：提供多种快捷键以及个性化操作。
- 三档定时开关机：开机音乐由您选择，开机音量随心设置并软启。
- 扬声器保护电路：避免开关机时的杂音，延长扬声器使用寿命。
- 音源输出功能：本产品上的音源输出可以输入到其他分体式音乐控制器上，实现音乐共享。
- 固件升级：支持 SD 卡直接固件升级，实现本机的功能扩展，使您享有本产品的免费增值服务。

2.11 安防报警传感器

2.11.1 ZigBee 无线人体红外传感器

无线人体红外探测器能探测人体信号，在设防状态下如果有人体信号存在，探测器会与智能家居控制主机联动，实现远程报警等功能，如图 2-11 所示。

1. 规格参数
- 工作电压：DC 3V。
- 功耗电流：≤18mA。
- 传感器：双元热释红外传感器。
- 报警指示：红色 LED。
- 报警输出：继电器输出。
- 安装方式：壁挂或吸顶安装。
- 探测距离：9m（壁挂），6m（吸顶安装在3.6m高度）。
- 探测角度：15°。
- 工作温度：−10~+50℃。
- 产品尺寸：110mm×36mm。

图 2-11 ZigBee 无线人体红外传感器

2. 产品特点
- ZigBee 无线通信技术。
- 超低功耗。
- 简易安装。
- 高度灵敏。
- 远程提醒。
- 全时段监测家居环境变化，并实时反馈信息至手机 APP。
- 根据环境变化智能联动相应场景改善环境，使居家环境更加舒适。

2.11.2 无线温湿度传感器

无线温湿度传感器可以实时回传不同房间内的温湿度值。您可以根据需求开启或关闭各类电器设备,如空调、加湿器。传感器和 KC868 智能家居主机配合工作,实现远程网络监控居室内温湿度值,甚至可以将温湿度参数进行无线联动智能控制,比如某个房间温度太高了,将空调开至制冷模式实现降温的自动化控制,如图 2-12 所示。

1. 规格参数

- 产品尺寸:118mm×70mm×70mm。
- 工作电压:DC 5V。
- 重量:139g。
- 通信方式:GPRS。
- 测试方法:进风式。
- 外形颜色:白色。
- 温度检测范围:0~50℃。
- 湿度检测范围:20%~90%。

2. 产品特点

图 2-12 无线温湿度传感器

- 远程实时监测家中空气质量。
- 即插即用。
- 结合智能家居主机可以实现智能化联动。

2.11.3 无线烟雾探测器

采用光电式或离子式烟雾传感器,工作稳定可靠,性价比高。能对各类早期火灾发出的烟雾及时做出报警,产品体积小巧,内带无线发射模块,如图 2-13 所示。

1. 规格参数

- 产品尺寸:105mm×38mm。
- 传感器:光学腔迷宫。
- 发射频率:315MHz±0.5MHz。
- 发射距离:150m。
- 静态电流:≤10μA。
- 报警电流:≤30mA。
- 工作电压:内置 9V 电池。
- 输出形式:干接点,警戒时输出开路,报警时输出短路。
- 烟雾灵敏度:符合 UL 的 217 号标准。
- 工作环境:温度(-5~50℃),湿度(10%~90%)。
- 报警音量:110dB。

图 2-13 无线烟雾探测器

2. 产品特点

- 自动温度补偿,光学腔迷宫传感器探测灵敏度高。
- 采用 SMT 贴片技术,性能稳定。

- 抗电磁干扰，防误报能力强。
- 吸顶安装，特殊防潮设计。
- 采用低功耗 CMOS 处理器，更具智能化。
- 具备手动测试功能。

2.11.4　家用燃气泄漏报警器

采用高品质气敏传感器，微处理器控制，具有稳定性高、寿命长、抗中毒能力强等特点，可以实现现场声、光报警，触发远程联网报警功能；配合中控主机可以有效避免火灾、爆炸、窒息和死亡等恶性事故的发生，如图 2-14 所示。

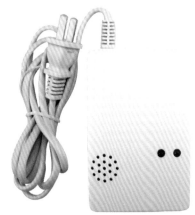

1. 规格参数
- 产品尺寸：110mm×70mm×40mm。
- 感应气体：煤气、天然气和液化石油气。
- 发射频率：315MHz±0.5MHz。
- 发射距离：150m（空旷距离）。
- 工作电流：100mA。
- 工作电压：AC 220V。
- 工作环境：温度（−5~50℃），湿度（10%~90%）。
- 报警音量：85dB。

图 2-14　家用燃气泄漏报警器

- 报警浓度：煤气（0.1%~0.5%），天然气（0.1%~0.3%），液化石油气（0.1%~0.2%）。

2. 产品特点
- 采用专利燃气传感器，不产生钝化现象，自动温度补偿，探测灵敏度高。
- 采用 SMT 贴片技术，性能稳定。
- 抗电磁干扰，防误报能力强。
- 壁挂式安装，摆放灵活。
- 采用低功耗 CMOS 处理器，更具智能化。

2.11.5　ZigBee 无线门磁探测器

门磁是用来探测门、窗、抽屉等是否被非法打开或移动。它自带无线发射器，当在设防状态下门或窗被打开后会主动发送无线信号给主机，主机收到报警信号后会采取相应措施，如图 2-15 所示。

1. 规格参数
- 工作电压：DC 3V。
- 待机电流：≤5μA。
- 报警电流：≤30mA。
- 探测角度：110°。

图 2-15　ZigBee 无线门磁探测器

- 探测距离：≥ 20mm。
- 联网方式：ZigBee 自组网。
- 无线组网距离：≤ 100m（空旷环境）。
- 工作温度：−10~50℃。
- 环境湿度：最大为 95%。
- 探测器尺寸：60mm×30mm×11.8mm。
- 磁体尺寸：60mm×13mm×11.8mm。

2. 产品特点

- 用于探测门、窗等非法打开，无线传输报警信号。
- 智能化程度高，稳定可靠，抗干扰能力强。
- 体积小巧，安装简单，可与多款主机配合使用。
- 超大电池容量，工作时间长。
- 内置天线，稳定可靠。

2.11.6　ZigBee 无线紧急按钮

　　无线紧急按钮可广泛用于老人、小孩等弱势群体。当有意外发生时只需按下遥控按键，主机收到信号后就会采取相关应急措施，实现报警呼救等功能，操作非常简单，如图 2-16 所示。

1. 规格参数

- 工作电压：DC 3V。
- 待机电流：≤ 3μA。
- 报警电流：≤ 30mA。
- 联网方式：ZigBee 自组网。
- 工作环境：−10~50℃。
- 环境湿度：最大 95%。
- 外形尺寸：57.5mm×34.5mm×13mm。

2. 产品特点

- 外观小巧，携带方便。
- 功能简单，使用方便。
- 自带天线，传输距离远。

图 2-16　ZigBee 无线紧急按钮

2.11.7　无线幕帘探测器

　　无线幕帘探测器使用了先进的信号分析处理技术，提供了超高的测控和防误报性能，从设计上保证了产品的稳定性，当有入侵者通过探测区域时，探测器将自动探测到区域内人体的活动。如有动态移动现象，它则向控制主机发送报警信号，产品适用于家庭住宅区、楼盘别墅区、厂房、商场、仓库和写字楼等场所的安全防范，如图 2-17 所示。

1. 规格参数

- 产品尺寸：110mm×69.5mm×40mm。
- 发射频率：315MHz±0.5MHz。
- 发射距离：150m。
- 静态电流：≤ 25μA。
- 报警电流：≤ 10mA。
- 工作电压：DC 3V。
- 探测角度：夹角15°，张角110°。
- 探测距离：三档可调（2m、4m、9m）。
- 自检时间：30s。
- 工作环境：温度（−5~50℃），湿度（10%~90%）。
- 报警指示：红色LED灯。
- 欠压指示：黄色LED灯。
- 安装高度：1.7~2.5m。

图 2-17　无线幕帘探测器

2. 产品特点

- 采用SMT贴片技术，性能稳定。
- 抗电磁干扰，防误报能力强。
- 壁挂或吸顶式安装，通用性强。
- 采用低功耗CMOS处理器，更具智能化。

2.11.8　红外栅栏防盗报警器

红外栅栏是主动红外对射的一种，采用多束红外光对射，发射器向接收器以"低频发射、时分检测"方式发出红外光，一旦有人员或物体挡住了发射器发出的任何相邻两束以上光束，接收器立即输出报警信号，当有小动物或小物体挡住其中一束光时，报警器不会输出报警信号，如图2-18所示。

1. 规格参数

- 光束数量：2~10束。
- 探测高度：37~209cm。
- 产品重量：480~1980g。
- 工作电流：主机（35~80mA）。
  从机（30~75mA）。
- 工作电压：DC 12~18V。
- 警戒距离：5~60m。
- 反应速度：≤ 40ms。
- 触发时间：开路时间≥ 1.5s。
- 接点容量：AC3A　120V/DC24V。
- 报警输出：有线/无线。
- 工作环境：温度（−35~55℃），湿度（≤ 95%）。
- 光轴角度：±90°。

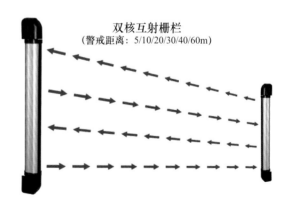

双核互射栅栏
（警戒距离：5/10/20/30/40/60m）

图 2-18　红外栅栏防盗报警器

2. 产品特点
- 采用高档铝合金外壳及精选元器件，整体稳定性好，抗干扰能力强。
- 有线 / 无线可选，适合不同使用场合，可与任何品牌主机兼容。
- 具有防雨、雾、雪功能，全天候使用。
- 防拆、防剪、防移动，双束识别功能有效防止小动物、飞鸟等引起误报。
- 360° 无级旋转，实现快速精确对焦，独特的接线端子，安装调试方便快捷。
- 灵敏度高，防范警戒距离三档可调，AGC 电路设计。
- 接线调整方便，对准与否有蜂鸣器提示。

2.11.9　12 键遥控器

12 键遥控器在智能家居控制系统中主要起到控制情景模式的作用。可以脱离智能家居控制盒主机进行简单控制，如图 2-19 所示。

1. 规格参数
- 产品尺寸：85mm×37mm×16mm。
- 工作电压：DC 12V/23A。
- 工作频率：315MHz、433.92MHz。
- 工作电流：27mA。
- 编码方式：固定码（PT2260 芯片）。
  学习码（eV1527/PT2240B）。
  滚动码（HCS301）。
- 传输距离：>500m。
- 输出功率：13dBm（20mW）。
- 传输速率：<10kbit/s。
- 调制方式：OOK（调幅）。
- 工作温度：−10~70℃。

图 2-19　12 键遥控器

2. 产品特点
- 手感良好、外观精致。
- 声表稳频、性能稳定。
- 频点多种、性价比高。

2.12　燃气切断阀

燃气切断阀适配 4 分[⊖]、6 分、1in 球阀、蝶阀，安装方便。无须更改燃气管道原设计配置，用户可自行安装，带自动、手动转换离合器。与家用燃气泄漏报警器和智能控制盒主机配合工作，可以实现家用燃气检测、报警与自动关闭功能，提高安全性，如图 2-20 所示。

1. 规格参数
- 外形尺寸：100mm×90mm×70mm。

⊖　1分=（1/300）m。

- 额定电压：DC 12V。
- 工作电压：DC 8~16V。
- 工作电流：20~30mA。
- 工作功率：0.24~3.6W。
- 扭　　矩：10~30kg·cm。
- 自动关阀时间：3~8s。
- 电动开阀时间：3~8s。
- 绝缘电阻：大于 20MΩ。
- 耐　　压：DC 600V。
- 工作环境：温度 −25~85℃，湿度 <95%。

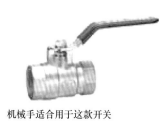

机械手适合用于这款开关

图 2-20　燃气切断阀

2. 产品特点

- 通用性强：适配 4 分、6 分、1in 球阀和蝶阀。
- 安装方便：无须更改燃气管道原设计配置，用户可自行安装，带自动、手动转换离合器。
- 浇封防爆：根本杜绝火花产生，装在燃气管道上无安全隐患，不会成为引爆源。
- 开阀方式：手动复位，开阀须到现场人工操作，符合燃气事故处理特点。
- 关阀方式：脉冲驱动关阀。
- 关阀速度：1s 之内可切断气源。
- 超低功耗：小于 1W。
- 关阀控制：低能耗瞬时驱动，支持消防备电工作方式，符合消防规范（与控制器配套）。
- 信号输出：在两根关阀控制线上，可输出阀门开关状态反馈特征信号。
- 保持方式：自保持开 / 关状态，不消耗电能。
- 密封可靠：结构上采用多级密封措施，加工精密，确保气密性和安全性；材料上采用特种 NBR/FKM 橡胶。
- 动作可靠：执行机构开关 2 万次无故障。
- 持续通电：5 万小时无故障。
- 抗误动作：具有优质的防止开阀和关阀误报动作的能力。

2.13　电磁阀

　　电磁阀是用电磁控制的工业设备，是用来控制流体的自动化基础元件，属于执行器，不限于液压、气动。用于工业控制系统中调整介质的方向、流量、速度和其他参数。电磁阀可以配合不同的电路实现预期的控制，而控制的精度和灵活性都能够保证，如图 2-21 所示。

全铜阀体

1. 规格参数

- 阀体材质：黄铜。
- 使用流体：空气、水、油。

图 2-21　电磁阀

- 开关型式：常闭式。
- 供电电压：AC 220V/DC 24V/DC 12V。
- 管体孔径：1/2in。
- 接管直径：20mm。
- 流量孔径：16mm。
- 油封材质：NBR。
- 工作压力：0~1.0MPa。
- 流体温度：−5~150℃。

2. 产品特点

- 外漏堵绝，内漏易控，使用安全。
- 动作快递，功率微小，外形轻巧。
- 适用于工业、家用场合，低密度、高填充性，耐老化、腐蚀。
- 通过电路控制方便调节阀门的开关角度。

第 3 章

智能家居客户端软件

3.1 苹果 iOS 客户端软件

3.1.1 苹果 iPhone 客户端软件的安装

如果使用苹果 iPhone 或 iPad 的用户，可以直接在 iPhone 或 iPad 上登录苹果商店，在线搜索安装。

通过 iPhone 或 iPad 直接在苹果商店 App Store 进行在线安装的方法：首先进入苹果商店，搜索"易家智联"，单击要下载的软件图标后，显示软件的详细信息，如图 3-1 所示。通过 iPhone App Store 在线下载安装客户端软件，搜索到软件后，如图 3-1～图 3-3 所示，单击下载按钮，安装成功后，屏幕界面显示"易家智联"程序图标。

图 3-1　操作步骤（一）

图 3-2　操作步骤（二）

图 3-3　操作步骤（三）

3.1.2 苹果 iPhone 客户端软件的使用

1.iPhone 演示效果介绍

安装好软件后就可以登录并控制了，图 3-4～图 3-12 是 iPhone 控制界面的演示效果图。

图 3-4 登录界面

图 3-5 登录后的首页

登录首页后，可以通过"楼层"→"房间"→"终端设备"的图标单击操作相应的设备。

图 3-6 灯光的控制

图 3-7 窗帘的控制

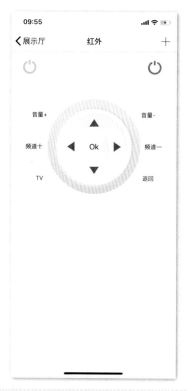

图 3-8　多媒体的控制（包括了电视机、功放、机顶盒和播放器等综合性的遥控键盘）

图 3-9　摄像头视频监控

图 3-10　在"发现"界面添加机器人和中央空调

图 3-11　"我的设置"界面　　　　　图 3-12　情景模式

"我的设置"界面可以添加各种类型的安防传感器，还可以修改登录密码。自定义"情景模式"，名称和图标可以自定义选择。

2. iPhone 客户端设备添加方法

（1）添加主机

单击"我的"→"主机管理"，单击"添加"，单击"扫描二维码"图标，扫描设备底部的二维码，给设备设置一个昵称，单击"添加"即完成主机添加，如图 3-13、图 3-14 所示。

图 3-13　添加主机操作（一）　　　　　图 3-14　添加主机操作（二）

（2）添加楼层

添加楼层、房间，单击"我的"→"我的房间"选项，设置自己的家庭环境，如图3-15、图3-16所示。

图 3-15　添加楼层操作（一）　　　　　图 3-16　添加楼层操作（二）

（3）添加 ZigBee 灯光

单击"我的"→"我的设备"→"未分类"如图3-17所示，里面会自动显示已经组网成功的 ZigBee 开关面板（设备名称叫双向灯，同时还有面板的地址码），长按"归类到房间"即可实现控制。

图 3-17　添加 ZigBee 灯光

（4）添加 ZigBee 红外转发器

单击"我的"→"我的设备"→"未分类"如图 3-18 所示，里面会自动显示已经组网成功的 ZigBee 红外转发器。"未分类"里长按"取名字"，归类到房间后添加模板即完成添加，如图 3-19 所示电视机、空调图标如图 3-19 所示。添加操作如图 3-20 所示。

图 3-18　ZigBee 红外转发器添加

图 3-19　添加操作（一）

图 3-20　添加操作（二）

（5）添加 ZigBee 开合帘电机

单击"我的"→"我的设备"→"未分类"如图 3-21 所示，里面会自动显示已经组网成功的 ZigBee 窗帘电机（设备名称叫窗帘，同时还有地址码），在"未分类"里长按"归类到房间"后就可以控制。

图 3-21　ZigBee 开合帘电机添加

（6）添加 ZigBee 调光灯

　　单击"我的"→"我的设备"→"未分类"如图 3-22 所示，里面会自动显示已经组网成功的 ZigBee 调光面板（设备名称叫调光灯泡，同时还有面板的地址码），在"未分类"里长按"归类到房间"后就可以控制，如图 3-23 所示。

图 3-22　ZigBee 调光灯添加（一）　　　　　图 3-23　ZigBee 调光灯添加（二）

（7）添加 ZigBee 情景面板

　　单击"我的"→"我的设置"→"ZigBee 情景面板"→"+"输入设备名称，关联情景，如图 3-24 所示，添加成功后界面如图 3-25 所示。

图 3-24　ZigBee 情景面板操作　　　　　图 3-25　添加成功界面

（8）添加 ZigBee 传感器

单击"我的"→"我的设置"→"安防设置"；单击右上角的"+"，输入设备名称（自定义），选择 ZigBee 传感器，选择要关联的情景模式（可选项），输入推送内容（自定义报警输出推送的内容），地址码见设备机身标签。单击保存如图 3-26 所示。

添加完成后，返回"安防设置"界面，有三组撤、布防的时间可以设置，如果用户想 24h 布防，可以选择其中一组，如图 3-27 所示，表示 24h 布防有效。

图 3-26 添加传感器   图 3-27   布防操作

（9）添加射频设备

单击"我的"→"我的设备"→"已分类"，然后在对应的房间单击"添加设备"→"射频设备"→"种类（必选）"，选择对应添加的设备种类，其他默认不变，单击"保存"，在"设备名称"输入设备名称（如客厅吸顶灯、智能插座等），"设备图标"选择"对应的图标"，以普通灯为例，如图 3-28、图 3-29、图 3-30、图 3-31 所示。

图 3-28 添加设备   图 3-29 射频设备

图 3-30 种类（必选）普通灯

图 3-31 创建成功

（10）添加监控摄像头

单击"我的"→"我的设备"→"已分类"→"添加设备"→"普通摄像头"—"萤石摄像头"如图 3-32 所示。单击相应摄像头，输入摄像头底部验证码即可添加成功，返回首页，单击左上角的摄像头图标即可打开监控，如图 3-33、图 3-34、图 3-35 所示。

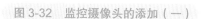

图 3-32 监控摄像头的添加（一）

图 3-33 监控摄像头的添加（二）

图 3-34　监控摄像头的添加（三）　　　图 3-35　监控摄像头的添加（四）

（11）添加语音控制机器人

单击"发现"→"机器人"→"添加"，输入当前路由器的密码，单击"生成二维码"，如图 3-36、图 3-37、图 3-38、图 3-39 所示。

图 3-36　语音控制机器人的添加（一）　　　图 3-37　语音控制机器人的添加（二）

图 3-38　语音控制机器人的添加（三）　　　　图 3-39　语音控制机器人的添加（四）

3.2　安卓（Android）客户端软件

3.2.1　安卓（Android）客户端软件的安装

　　如果使用安卓（Android）的用户，可以通过 www.hificat.com 网站"资料下载"选项，扫描二维码直接下载安装文件。安装完成后，手机屏幕出现"易家智联"程序图标，如图 3-40 所示。

图 3-40　程序图标

3.2.2 安卓（Android）客户端软件的使用

安装好软件之后，就可以通过设备登录并控制了，图 3-41~图 3-49 是安卓（Android）的控制界面演示效果图。

图 3-41　登录页面

图 3-42　首页

图 3-43　窗帘控制

图 3-44　电视机控制

图 3-45　空调控制

图 3-46　添加语音机器人和中央空调

图 3-47　添加情景模式

图 3-48　添加设备管理

图 3-49　添加安防传感器及情景面板

3.3　固件更新操作

固件更新软件可以根据公司提供的最新固件给主机进行芯片级的升级，就像使用手机的刷机工作一样简单、方便。使主机可以永远保持年轻的活力，一旦有最新的研发成果或公布最新的固件文件，您只需要通过下载工具下载即可，同时也支持远程网络升级，彻底解决售后的后顾之忧。

在固件更新之前，请先将主机设置到升级状态，操作方法如下：1）主机断电；2）按住复位键；3）插上电源等待35秒后放开复位键，保持主机一直供电即可。

打开软件升级工具，在网络参数中，填入主机IP地址（192.168.1.200）和端口号（4196），然后单击"连接"按钮。单击"选文件"按钮，选择要更新的固件文件，文件类型为.HEX格式，图3-50所示，已经成功加载固件文件。

单击"连接"按钮，如图3-51所示，显示连接成功，即和主机通信成功。

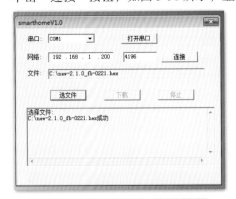

图 3-50　更新固件文件步骤（一）

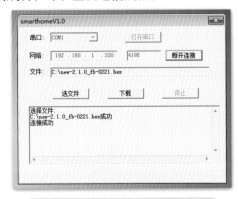

图 3-51　更新固件文件步骤（二）

单击"下载"按钮，此时，PC 计算机开始向主机传送数据进行升级，升级速度与主机所在的网络环境有关系，一般在 20~30s 左右可以完成升级。在升级的过程中，软件界面中可以实时看到升级进度，如图 3-52、图 3-53 所示。升级进度到 100% 时，则软件显示下载成功，此时主机会自动重启，而无需再重新给主机上电操作，如图 3-54 所示。单击"断开连接"按钮，软件界面显示"已断开连接"字样，整个升级过程结束。

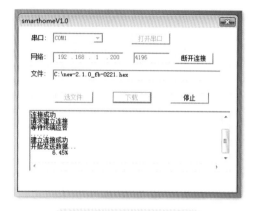

图 3-52　升级进度（一）

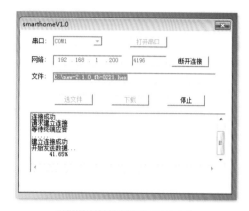

图 3-53　升级进度（二）

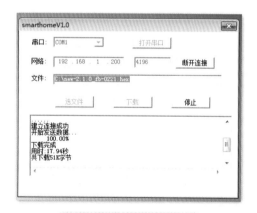

图 3-54　升级操作（一）

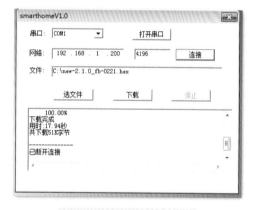

图 3-55　升级操作（二）

第4章
智能家居的工程设计

4.1 需求确定

智能家居 DIY 要到何时才能实现？我们的回答是"现在"。

目前，消费观念正在转变，应用需求已提出，产品市场正走向成熟，智能家电自己动手做（DIY）也将成为一种潮流。

我们首先要清楚自己的需求是什么，想要一个怎么样的"智能"。我们知道，盲目地安装智能家居产品不仅会令您日后的智能生活大打折扣，而且还会使您的支出大大增加。每个家庭对智能生活的要求是不同的，智能家居产品具有个性化的特点，可以任意组合，从而满足不同人群对智能家居的要求。而我们也可最大限度地利用手中的 Money 做更多的事情。

除了家庭安防、报警系统和智能照明系统是绝大部分家庭中必要的内容，还可以根据自己的特殊需要来安装智能家居产品。如家中有电影、音乐发烧友，可以选择安装家庭娱乐系统、背景音乐系统等，它可以让我们在家中享受更多娱乐的智能享受。除此之外，智能家居产品还包括很多内容，如宠物照看、庭院自动灌溉、家庭看护、家电集中控制和远程监控等，大家可以根据自己的实际需要，以及手中的 Money 来选择最适合自己的智能家居产品。

智能家居不仅是智能化系统产品的设计安装，同时也是个人风格的体现，在进行智能家居设计前，先要弄清自己的喜好、风格；并注意结合住宅的实际情况和家庭在智能化方面可投入的资金情况。

我们再次强调，家庭智能化是一个过程，不可能一步到位，应根据自己的需求系统设计、分步骤地选择安装。

由于智能家居涉及不少行业领域：如电子、计算机、通信、自动控制和建筑装饰等，普通用户不可能对这些领域专业知识了解很多，所以除了少数发烧友能够自己从协议、软件、系统设计角度来动手做智能家居外，大部分用户都是根据成品的模块化部件来组装，这种情况与计算机的 DIY 有些类似——大部分人都是选择成品的主板、CPU、硬盘、显示器、显卡、声卡、键盘和鼠标，很少有人能（或者愿意）自己去拼装完成显示器或鼠标。所以我们就不难分析出智能家居 DIY 的核心——按照总体设计要求，选择合适的模块化部件进行集成。

在需求确定中最重要的一点不是智能化如何先进、高档、而是智能家居系统怎样与您的家居环境有机地融为一体，脱离了家居环境的家居智能化系统只是一堆线缆、模块连接件、终端配件和控制器等组成的"垃圾"。智能家居必须要有个性，也要体现每一个家居主人的风格。

智能化不是一个孤立的部分，它需要和家居装修的其他部分紧密结合，这样才能统一协调、有效运作。我们希望读者在进行家居装修时，对每一个细节都从家居智能化的角度考虑，而不是反过来考虑，为了上智能化系统而去改变整个房间的结构布局、家庭生活习惯，智能化是为现代生活服务的，而不是用来主宰您的生活的。

4.2 基础知识的学习

在进行智能家居装修前，学习一些有关这方面的入门知识很有必要，可以通过以下几种渠道进行较全面的学习：

1）报刊杂志：在国外有不少专业的智能家居杂志如 "home automation" "electronic house" "TecHome Builder"，国内比较典型的有《数字社区 & 智能家居》，读者可以进行翻阅查看。

2）行业资料：对涉及的相关标准有所了解，包括家居布线标准、安防标准、电气设施标准规范和家庭居室装修质量验收标准等。

3）网站交流：和专业公司的技术人员或者在这方面有特别兴趣的朋友进行交流，了解智能家居产品的功能、性能和稳定性等因素。特别推荐的是晶控智能家居网站 http：//www.hificat.com 与 http：//www.kincony.com，全面介绍了智能家居技术、产品功能演示、DIY 配置方法以及安装操作演示视频，并且有在线交流的论坛栏目，是 DIY 一族的好去处。

4.3 如何看装修设计图

装修公司在施工之前，设计师一般会出装修设计图，包括效果图、设计方案和施工图。当一份设计好的图样放在眼前时，我们该如何去看呢？

1. 首先要从设计方面去看

- 布局是否合理。
- 是否符合人体工程学，电线设置是否合理。
- 用色是否符合色彩学原理。
- 用色是否符合色彩心理学原理。
- 设计风格是否统一，设计造型是否相配。
- 人工照明设置是否合理。
- 自然采光是否优化。
- 材料使用是否符合现实要求，搭配是否合理。
- 个体设计是否具有技术上的可实施性。
- 设计是否在真实的预算范围内。
- 设计是否符合现行的技术规范与安全规范。
- 设计个体之间的关系、尺度的把握是否合理。
- 兴趣中心的营造。
- 设计元素的应用。
- 设计的创造性。

如果是手工图，还需要看表现技法是否成熟；如果是计算机图，还需要看图像表现是否逼真。

2. 大众化的看图方法

普通业主一般不具备按照上面理论来分析的能力，因为大多数人并不具备这方面的知识。难道仅从画得漂亮不漂亮来看？笔者有以下几个方面的建议：

1）看图面大效果的配色是否顺眼。行内有一句俗话：和谐就是美。首先要从第一感觉来看，不管是不是内行，都会有自己的一种看法和审美观。

2）看真实度。很多设计师在画效果图时都会故意调整一些尺寸来尽量地满足自己图面的需要。例如 20m² 的房子画成 40m² 的，层高 2.6m 画成 3.5m。而在平面图中，往往会将房子的框架面积和家具采用不同的比例，这尤其在发展商的图样上最容易出现。很多业主都看过无数次自己的房子了，这里一眼就可以知道究竟家里有没有这么大、这么壮观、能不能放下这么多家具。

3）看设计是否满足自己的需要。例如有没有您需要的柜子，餐厅中餐桌的大小是否符合使用要求等。

4）设计是否有创意。一个好的设计师，总会有画龙点睛之笔。在家装中，设计项目不是很多，所以一两个纯装饰项目就能体现设计思想。

5）是否对现有的环境有改进之处。您的房子都会有这样那样天生的缺陷，有一些是无可救药的，但有一些是可以改良的，这里就最能看出设计师的设计技巧。

6）是否符合现实。有一些设计图天马行空得有点脱离现实，而应根据实际的国情、环境和家庭情况来看判断是否符合实际需求。

综上所述，如果您拥有一定的基础知识，可以参考上面所述的两类看图方法，或者选择一种比较符合自己实际的方法即可。

几种典型的装修设计图如下：

图 4-1 是量房后的第一张图样，是画设计图样的基础。应标注出房型的尺寸、层高、原始管路和门洞等。

图样中用网格代表新砌墙体，在图样上看一目了然，如图 4-2 所示。

家具布置是从俯视的角度去表现的。合理的规划平面图在很多设计师看来，是最考验设计水平的。各个区域的功能划分和人性化的设计是平面布置图的精髓所在，如图 4-3 所示。

这张图样表现的是天花吊顶的走向和顶部灯具的位置。图样中应详细标出吊顶的平面造型、尺寸和距离地面的高度，如图 4-4 所示。

在图样中应标明地面所选用的材质种类、排铺走向、拼接图案和不同材料的分界说明，如图 4-5 所示。

电视线、电话线、网络线和音响线都属于弱电的范畴，其布置应考虑抗干扰性，如图 4-6 所示。

插座的位置、数量都应在图样上绘制出来，综合考虑门窗、家具的安排，不能让插座被遮蔽，影响正常使用，如图 4-7 所示。

应注明房间里所有开关的位置和每个开关所控制的电器、灯源，同时应注明开关的种类，以免安装时发生混淆，如图 4-8 所示。

在厨房、卫生间等处的给、排水线路的平面布置图样中还应标出冷、热水的具体分布，如图 4-9 所示。

图 4-10 展示了从平面角度看房间局部的剖面，详细绘制了墙面的尺寸、构造材料和面层材料等名称。

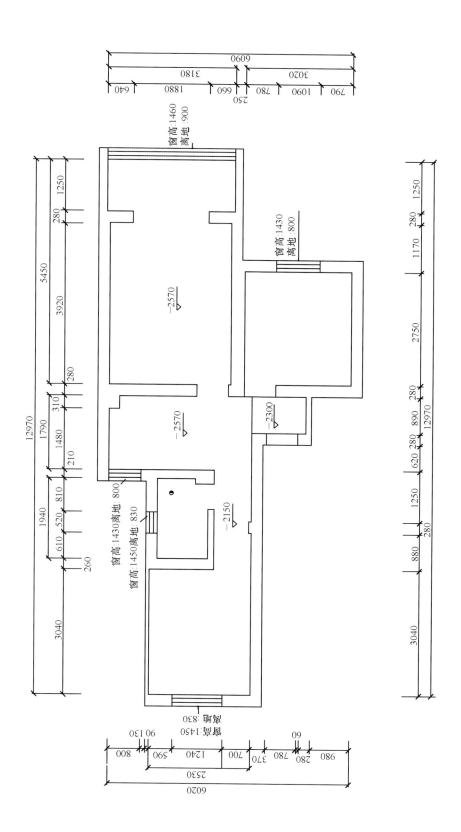

图4-1 原始结构图

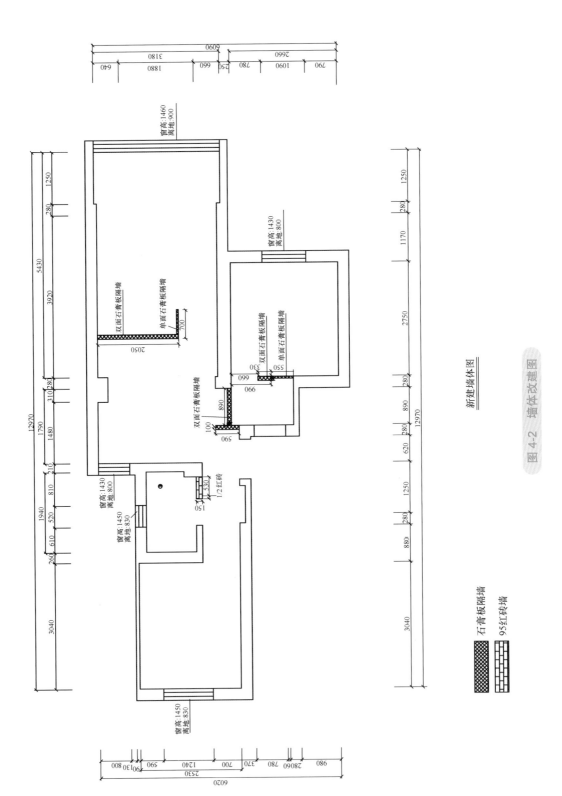

图 4-2 墙体改建图

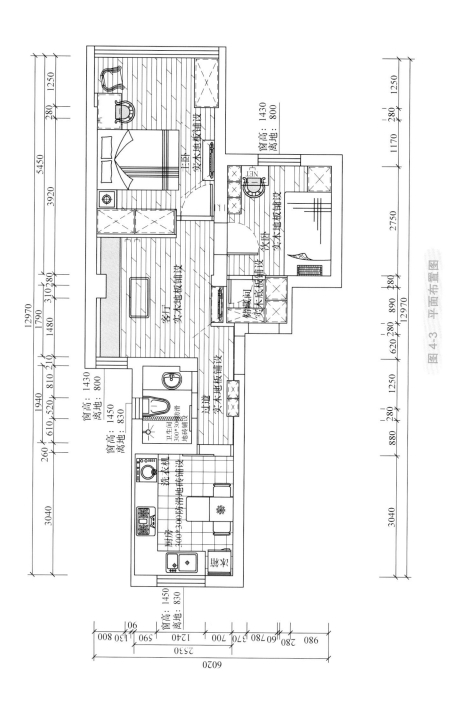

图4-3 平面布置图

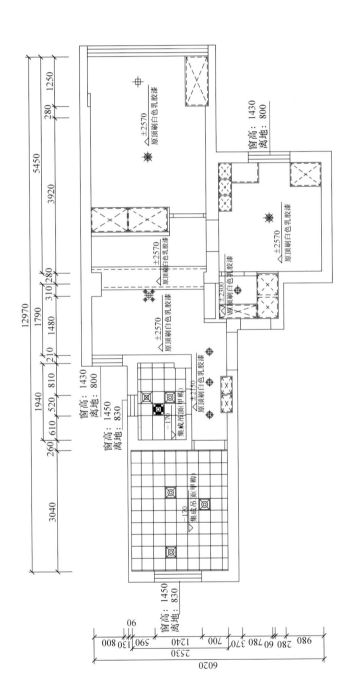

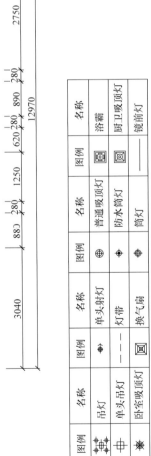

图 4-4　顶面布置图

图例	名称	图例	名称	图例	名称	图例	名称
⊕	吊灯	⊕	单头射灯	⊕	普通吸顶灯	▣	浴霸
⊕	单头吊灯	- - -	灯带	✦	防水筒灯	▣	厨卫吸顶灯
✱	卧室吸顶灯	▣	换气扇	⊕	筒灯	——	镜前灯

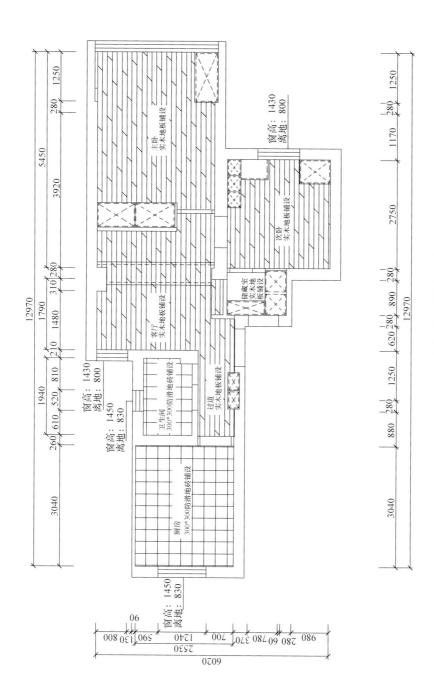

图4-5 地面铺设图

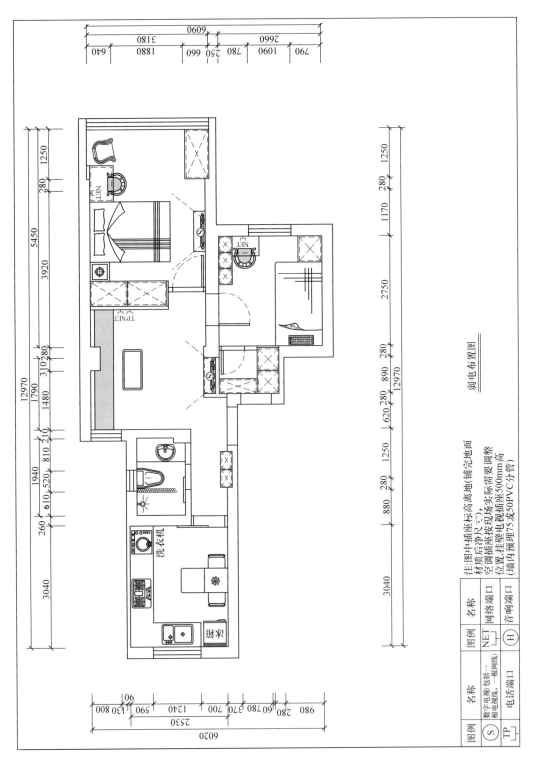

弱电布置图

注：图中插座标高离完成地面
材质后尺净(铺完地面
尺质后净尺寸)、
空调插座按现场实际需要调整
位置,挂壁电视插座500mm高
(墙内预埋75支50PVC分管)

图例	名称	图例	名称
S	数字电视(包括一根电视线、一根网线)	NET	网络端口
TP	电话端口	H	音响端口

图4-6 弱电布置图

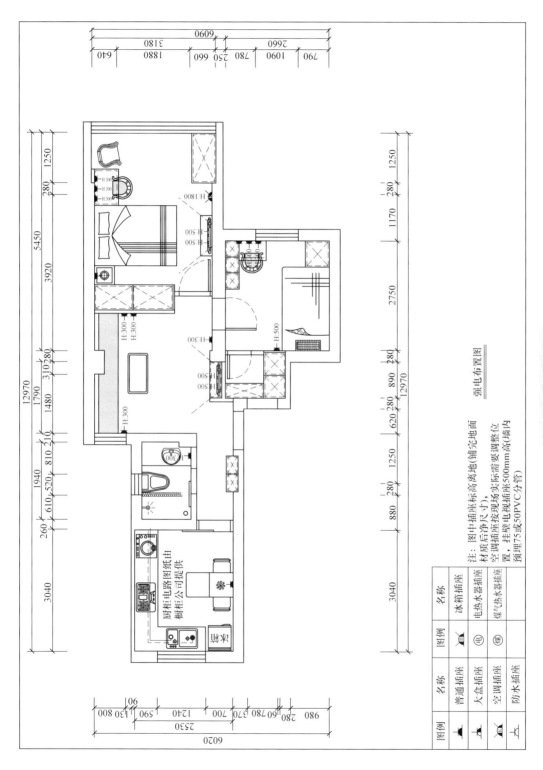

图4-7 强电布置图

图例	名称	图例	名称
▲	普通插座	▲	冰箱插座
▲	大盒插座	电	电热水器插座
▲	空调插座	煤	煤气热水器插座
▲	防水插座		

注：图中插座标高离地(铺完地面
材质后尺寸)，
空调插座按现场实际需要调整位
置，挂壁电视插座500mm高(墙内
预埋75或50PVC分管)

强电布置图

厨柜电路图纸由
橱柜公司提供

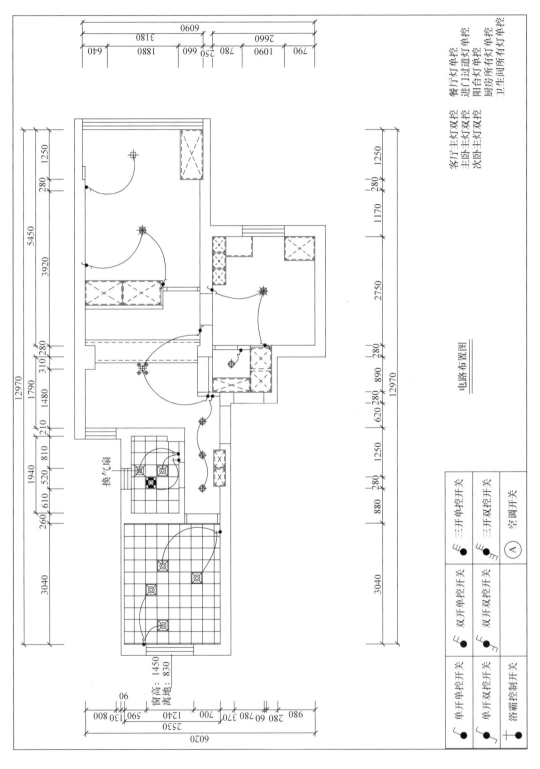

电路布置图

单开单控开关	双开单控开关	三开单控开关
单开双控开关	双开双控开关	三开双控开关
浴霸控制开关	空调开关	

客厅主灯双控　餐厅灯单控
主卧主灯双控　进门过道灯单控
次卧主灯双控　阳台灯单控
厨房所有灯单控
卫生间所有灯单控

图 4-8　电路布置图

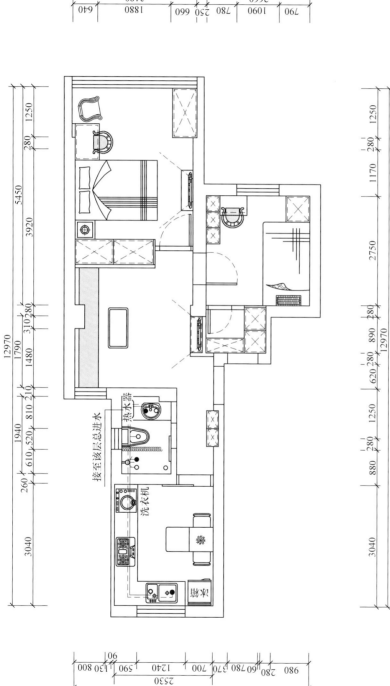

水路布置图

图4-9 给水布置图

热水管标记 ●──

冷水管标记 ○──

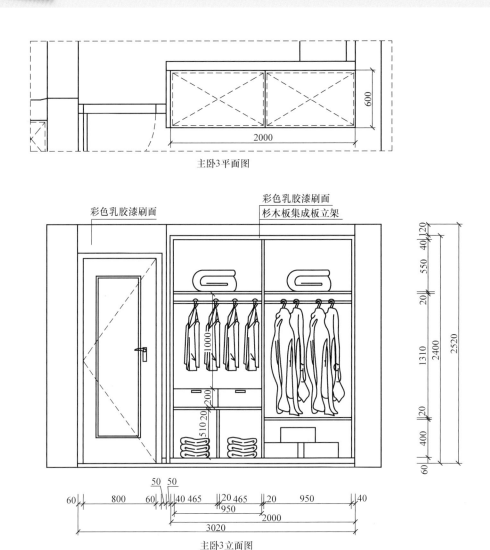

主卧3平面图

图 4-10　立面图

4.4　系统方案介绍与产品选型

随着智能家居市场的逐渐成熟和各项子系统产品的成熟，自己动手DIY配置一套智能家居系统，享受智能生活将成为一种潮流。不需要太多的专业知识便可以轻松完成，让一个现代的家居很快呈现出来。

4.4.1　晶控智能家居控制系统方案与技术特性

1. kC868 智能系统概述

杭州晶控智能家居系统采用基于ZigBee、射频、红外线、GPRS网络以及以太网交互协议的技术，外观时尚新颖，软件操作界面亲切而人性化，提供一套智能、舒适、安全、即装即用和无需施工的智能家居方案，它具备强大的网络功能和灵活的自动化控制方式，无论何时何地，您可以通过客户端软件对您的家实行实时监控，实现智能灯光、智能空调、智能影音、窗帘控制、视频监控、安防报警、流量检测和智能节能等智能控制，轻松地实现您的智能家居梦，给您一个比尔盖茨式的家。

2. 场景模式

1）起床模式：清晨的卧室，背景音乐缓缓响起您最喜欢的《班德瑞.清晨》，随后窗帘拉开，透入清晨的第一缕阳光将您自然唤醒，欧瑞博智能家居伴您开启全新的一天！ kC868-F 控制系统如图 4-11 所示。

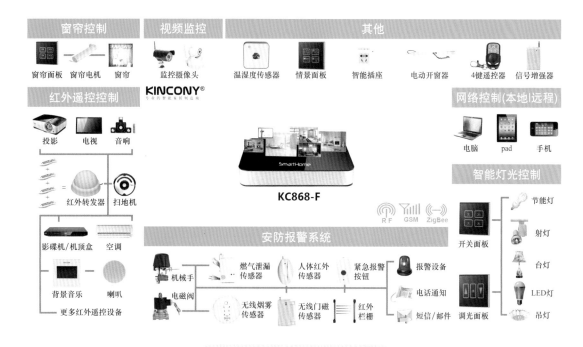

图 4-11　kC868-F 智能控制系统

◆ 清晨醒来伴随着一首《香草的天空》唤醒沉睡的细胞，一缕温暖的阳光洒在身上，开启一天的美好时光。随着《香草的天空》的响起，一键窗帘打开，再需一键将灯光调到合适的亮度，窗户打开，开启美好的一天。

◆ 卫生间的灯光已调到合适亮度，加湿器也开启了，伴随着轻松的音乐，舒服地洗个脸，离开时一键即可关闭。如图 4-12 所示。

◆ 走进厨房，一杯热热的牛奶已经加热好了，面包也热好了，水果洗好了，您可以享受一顿健康的早餐喽！如图 4-13 所示。

图 4-12　卫生间

◆ 吃完早餐走进唯美的更衣室，伴随着美妙的音乐，挑选一件自己喜欢的衣服，美美地去上班吧！如图 4-14 所示。

图 4-13 早餐场景

图 4-14 更衣室

2）离家模式：早餐后穿着喜欢的衣服，该上班了，一个按键即可关闭所有的需要关掉的设备，同时开启安防系统，快捷方便、又安全！

◆ 吃完早餐，通过平板、pc 端上或者手机上，只需一键，按下"离家模式"，即可安心离家！如图 4-15 所示。

◆ 此时家里的灯光全被关掉，窗帘关闭，安防启动，背景音乐被关掉，您可以安心地出门了，如图 4-16 所示。

图 4-15 门厅

图 4-16 启动安防措施

3）远程网络控制：中午在办公室，突然想起您家的宝贝或者宠物了，您只需要打开计算机或者手机，看看它们的动态，远程体验一下吧！只需要打开手机登录软件，打开"摄像头"，即可看到您的宝贝或者其他想看到的！

通过晶控智能家居，无论您在下班途中还是出外旅游，只要有网络的地方，都可以远程体验您之前设定的情景模式，无需到家，回家即可享受！

◆ 下班途中，您可以通过手机打开空调的"换气"档，温湿度感应器开启，通过加湿器来调节环境，创造一个干净舒服的居家环境吧！如图 4-18 所示。

图 4-17 远程网络控制

图 4-18 调节家中空调温湿度

◆ 如果天气很冷，您想回家泡个热水澡，打开"空调"和"热水器机械手"，到家后可以泡个舒服的热水澡，如图4-19所示。

4）回家模式：回家后启动"回家模式"，关闭安防，窗帘被打开，音乐背景被打开，灯光被调到合适的亮度，环境空气清新自然！回到家后，玄关处感应器被打开，开启"回家模式"，之前所有的联动设置都被打开，如图4-20所示。

5）晚餐模式：累了一整天，应该好好地美餐一顿了，晚饭时间到了，您只需要一键打开"烹饪模式"，晶控智能家居即可帮您完成一份美味的晚餐，听着音乐尽情享受吧！

图 4-19　设置热水器

◆ 按下"做饭"情景键，油烟机的排气扇和灯光被打开，微波炉和热水壶的电源被接通，您只需要准备烹饪的材料和选择烹饪的按键，就等着晚餐吧，如图4-21所示。

图 4-20　设置屋内环境

图 4-21　设置"做饭"情景键

◆ 晚餐准备好了，按下"晚餐"的场景键，餐厅的灯光被调到合适的亮度，音乐被打开，窗帘被打开，伴随着月光享受晚餐吧！如图4-22所示。

6）家庭影院模式：吃完晚餐，和全家人一起看场电影吧，一键打开"家庭影院"场景，打造个人专属的电影院！如图4-23所示。

◆ 您只需按一下场景遥控器打开影院设备，也可以通过手机或者平板来操作。

◆ 此时灯光被调暗，音响被打开，一场华美的电影开始了。

图 4-22　享用晚餐

图 4-23　家庭影院

7）晚安模式：看完电影困了，按下"晚安"场景键，开启睡眠模式，窗帘被合上，晚上起夜按下"起夜"键，从卧室到卫生间的沿路灯光自动开启，沿路的安防系统自动撤防，如图4-24所示。

◆ 睡觉前开启"睡眠模式"，灯光等设备都被关闭，温湿度测量被打开，晚上可以调节环境，保证良好的睡眠环境，"安防启动"，防止盗贼，安心入睡！如图4-25所示。

◆ 走廊口和窗户上装有一个人体移动感应器，离家或夜晚入睡时，设置为设防状态，住宅内安装各种无线探测器等安防探头，当出现紧急情况时，系统可通过电话告知户主！

图4-24　睡眠模式

图4-25　设置安防状态

8）安防模式：安防系统自动进入"布防状态"，当主人在夜间听见可疑声响时，按下紧急按钮后，将自动开启整个住宅的灯光，对盗贼产生震慑作用。在别墅大门安装高分辨率监控摄像头，方便尽快抓住盗贼，如图4-26所示。

图4-26　安防模式

3. 控制分类

智能家居控制主机可以无缝连接各功能模块，包括智能家居控制网关、网络摄像机视频监控、各类报警器设备、无线红外线转发器、温度传感器、电动窗帘等，用户可以根据自己的需求和预算 DIY 自己的智能家居生活。像装计算机一样装智能家居，一个最平民化的智能家居方案。

◆ 智能灯光

系统采用高品质水晶触摸遥控开关，兼容 86 型标准单相线方式供电。可直接替换家中传统的 86 型开关面板，并支持灯光的开和关以及亮度调节功能，如图 4-27 所示。

采用高性价比的 RF 射频方式通信，所有模块之间无需连线，甚至无需施工，完全可以按传统的弱电

图4-27　智能灯光

方式布线，最大地节省成本！

◆ 智能空调

可以随时查看家中每个房间的温度，无论您在哪里，都可以通过计算机或者手机开关空调并且调节温度，让您的家里随时保持一个舒适的环境，如图4-28所示。

主机通过无线红外转发器控制红外设备，它兼容所有品牌的空调，并实现对空调的智能网络控制，随时随地调节家中每个区域的温度和环境温、湿度信息检测，时刻侦测空气质量。

图 4-28　智能空调

◆ 智能窗帘

系统采用智能无线窗帘控制器，实现主机对电动窗帘的无线智能控制，控制器兼容市面上不同厂家的电动窗帘、电机和轨道，通用性好，安装方便、简单可以实现对窗帘的自动化或远程控制功能，如图4-29所示。

对电动窗帘、风光雨的自动控制，用户可以实现对家中所有的电动窗帘、风光雨的自动或者远程控制。

◆ 智能影音

对各种红外控制的家电设备，如电视机、音响、功放、DVD、蓝光播放机、机顶盒、摄像机、投影机和热水器等实现红外控制，实现您的智能家居梦想，如图4-30所示。

图 4-29　智能窗帘

图 4-30　智能影音

◆ 移动控制

支持多种控制方式，可使用手持遥控器Android（安卓）或iOS（苹果）系统的手机或智能触摸网关实现远程控制等功能，如图4-31所示。

iPad

远程 PC

图 4-31　移动控制器

◆ 安防监控

支持对无线安防传感器的学习和联动设置，可实现 App 消息推送报警功能，同时支持传感器触发情景模式，融入了电话报警器的常用功能，如图 4-32 所示。

图 4-32　安防监控

◆ 智能联动

强大的用户自定义智能联动系统，20 种情景模式，每种模式可以设置 10 种不同的控制内容，每个控制命令延时可自定义完全由用户自由组合，发挥您的想象，实现您的要求，如图 4-33 所示。

图 4-33　智能联动

4. 施工类型

智能家居控制系统提供了一整套的控制产品与解决方案，所采用先进的连接和控制方式，使工程施工人员可以在短短几个小时内将整套系统安装、调试完成，并且用户可以轻松定制整套智能系统，以适应自己独特的生活方式。

模块化的产品组合方式，可按功能安装，随着预算的增加，可进一步扩展功能，无论您是单身公寓、花园套房还是洋房别墅，我们都可以轻松地帮您实现家居智能化。

◆ 单身公寓

针对单身公寓或单个房间、客厅的智能控制功能需求，实现对室内灯光、电视、空调、影音和窗帘等设备的智能化控制，无需布线施工，造价成本低，让您的住家立刻升级为完美的智能家居环境，实现"集"中生"智"的过程，如图4-34所示。

◆ 花园套房

针对200m²内的套房，系统构架可以在单身公寓的基础上加无线的 RF 射频通信模块，所有的模块和主机之间无需连线，不破坏原有的装修，完全可以按传统的方式布线，最大限度地控制成本，轻松实现智能家居梦想！如图4-35所示。

图 4-34 单身公寓智能控制功能

图 4-35 花园套房无线 RF 射频通信

◆ 洋房别墅

别墅方案采用智能联动、网络通信、远距离无线通信及红外线通信等多项技术，并将各种智能化功能轻松融为一个整体，实现远程和本地自动化控制，此方案将使您真正享受到高科技带来的舒服、高贵、时尚的智能生活！如图4-36所示。

图 4-36 洋房别墅远程和本地自动化控制

5. 系统特点

1）4G 网络控制、无论何时何地畅享移动智能生活。

◆ 网络功能稳定、强大

系统内建网络接口，适用于局域网、宽带、GPRS、WiFi 等网络系统；支持远程客户端访问和监控，支持多种操作系统平台，让您随时随地的尽情控制，如图4-37所示。

2）组建灵活，无需布线，保持原有装修。

◆ 组建灵活，极具性价比

采用主机平台加模块的智能家居构架方案，可以灵活组建各种智能控制系统，无需布线和破坏原有的装修，用经济的方式实现功能完善、高稳定、高品质和独具时尚的智能家居系统，如图4-38

图 4-37 网络功能强大

所示。

图 4-38　智能控制系统

◆ 加密型通信传输，操作互不干扰

◆ 加密通信传输无线控制

基于最新的防盗技术的加密型 ZigBee 无线遥控技术、数字式的通信方式，确保每台主机和模块都是独立编码，互不干扰，可靠安全，如图 4-39 所示。

3）数据同步，无需反复学习

◆ 强大的数据同步功能，一次学习

软件采用数据库系统，可实现快速登录主机以及方便数据备份操作，强大的数据同步功能让您方便在任何一台新计算机上操控主机，特别有利于手机移动控制和工程现场维护，如图 4-40 所示。

图 4-39　加密型 ZigBee 无线遥控

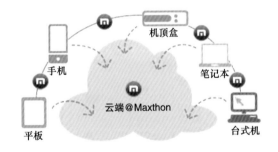

图 4-40　数据库系统

4.4.2　智能家居系统搭建技术方案

1. KC868 家智能家居系统简介

目前，国内大部分厂商智能家居产品比较简单，如单一的背景音乐、简单的无线遥控灯光和简单的对讲等功能，并没有真正做到整屋智能控制、网络控制等功能。另一部分厂商则采用国外高成本的网络集中控制方案，可以实现真正的家居控制智能化，这种方案支付高额专利费用，采用高成本芯片，控制主机价格极为昂贵，单元模块成本高，功率损耗大，而且需要全部升级所有设备。整个系统造价极高，难以推向市场。

杭州晶控电子有限公司是智能家居、物联网、智能电子专业研发和生产的公司，针对国内大众家庭对高品质智能家居生活的需求和向往，我们大量研究市场同类产品之后，自主研发了一套全新的智能家居解决方案，它具有如下优点：

（1）无线参数

- 无线载波频率：ASK：315MHz+/- 150kHz 或 433.92MHz +/- 150kHz/ 拥有 800 路发射通道。
- Zigbee 载波频率：2.4GHz。

（2）无线控制

- 射频无线控制协议：2262、1527 编码，PT2262 编码的振荡电阻、地址码、数据码可任意配置。
- 无线控制距离：RF 射频空旷环境距离 >50m、2.4G 通信，ZigBee 自组网的通信方式。
- 无线输入通道：200 路无线输入传感器设备学习。
- 无线红外控制：标准 38kHz 红外线编码发射，可以进行 360° 全方位控制。

（3）组合控制

- 定时控制：可定时驱动所有输出和更换工作场景，掉电时钟保持。可自由配置星期规律，实现不同的定时方案。
- 无线传感器控制：40 路无线传感器触发信号，控制输出和更换工作场景。
- 情景模式控制：每种场景支持若干路输出组合操作。用户可根据自己的需求配置触发命令。
- 报警信息推送：绑定的传感器触发后，可以通过网络推送到手机 App 端。
- 触发命令来源：定时、无线输入、语音控制。
- 情景模式控制输出对象：无线输出、红外线输出、有线控制输出（需要配有线控制盒产品）。

（4）网络控制

- 带加密功能的网络控制功能，支持局域网、宽带网、GPRS、Wi-Fi 等网络系统。
- 支持移动手机平台客户端软件、支持安卓（Android）、iPhone（iOS 版本 >8.0）等手机或 pad 平板。
- 支持 P2P 穿透方式访问主机，杜绝了动态域名的不稳定性
- 支持远程网络固件升级，业内首创，主机固件有更新，只需通过网络即可升级，而无需将主机寄回厂家。

（5）扩展控制

- 配合无线红外转发器，实现多路无线转红外控制，兼容市场上大部分家用电器红外线遥控，无需二次施工。
- 配合各类无线传感器，实现多元化的触发控制或报警推送。

（6）安装简易方便

智能家居控制系统——KC868，可以在初装修时加入安装，也可以在已装修好的家庭中使用，控制方式全部使用无线控制，实现高稳定性控制；对于已装修的房子不需改变原有的装修，不用二次施工也可以通过控制无线开关插座等设置，接上智能主机及传感控制设备，接入网线立刻实现升级成为时尚的智能家居。

（7）全新的设备配置方式

智能家居控制系统——KC868，新版的控制软件改变了旧版控制软件界面操作不形象、不美观等缺点，增加了界面的可视性、可操作性，提高了用户体验度，软件设计更加人性化。除了美观度的提升外，体验度的升级才是本次软件的重大飞跃。"掌上智家"这套软件告别了传统智能家居系统使用前，需要先在计算机端进行对码设置的繁琐流程。用户打开软件，通过扫描搜索界面，房间所有ZigBee的智能家居设备将自动被查询并呈现在软件界面中。众所周知，智能家居设备都是很多的，用户通过这一搜索功能，便可以很快地找到需要进一步配置的设备，便于设备管理，提高控制效率，真正做到了智能家居行业的傻瓜式操作和客户自主DIY。另外，"掌上智家"延续并丰富了原软件即时通信和状态实时反馈的功能，能清楚地告知用户家里的灯有没有被打开，开了几盏；窗帘有没有被打开，开到了什么程度；家里的温湿度是多少，空气质量如何等。

2.KC868智能家居系统组成

（1）智能灯光电器控制系统

配合使用无线遥控开关插座对灯光施行控制，如图4-41所示。对于已装修的房子不需改变原有的装修，不用二次施工也可以直接实现主机控制无线开关插座等设置。保留智能住宅内所有灯及电器的原有手动开关方式，对住宅内所有灯及电器，不需要进行改造，充分满足家庭内不同年龄、不同职业、不同习惯的家庭成员及访客的操作需求。

已经安装无线遥控开关的家庭不需要修改，直接整合成网络智能控制。新装修的客户可以选择不同厂家的遥控开关插座，兼容86标准单相（火）线方式供电。跟一般弱电装修一样，升级成本极低。

图4-41 KC868控制面板

所有用电器都通过无线的方式接入网络。让主人的计算机网络在办公室或者其他地方都可以方便地控制家里的灯光、空调、饮水机等。无论在家，在路上还是在其他地方，手机移动控制将带来全新的家电控制体验。支持安卓、iPhone客户端软件，体验更爽、更炫。

（2）空调系统

KC868智能家居解决方案自动监控室内温度和湿度，使您在家中随时享受宜人的气候。不需要起床到不同的房间去调整空调旋钮，您可以随时随地地调节家中每个区域的温度，即使外出也可以让家中保持一个良好的温度环境。当您回到家时会自动调节至一个舒适的温度，回家之前也可以通过计算机或手机预先开启空调并调节的温度，在外面也可以关空调，节能环保，如图4-42所示。

（3）安防及摄像监控系统

KC868智能家居技术集成了对安防监控的控制技术，通过PC客户端或者手机客户端，您可以监控房门、儿童房、各种房间和户外的情况，保障居家安全。通过各种探测器实现

图4-42 监控房间的温度计

监控录像，安全报警，如图4-43所示。当您外出时，也可以随时通过网络监控家里的任何情况，控制家里的任何设备和设施，一切尽在您的掌控之中……

KC868主机采用网络无线摄像头方案（Wi-Fi）免去复杂的布线和调试，支持4区域移动帧测，并可外接告警探测器，实现对现场全方位布防，可通过局域网、互联网进行远程监看、监听、并录像到本地计算机。

（4）家庭影院系统

KC868智能家居技术数字家庭影院，您只需轻点一下情景模式，灯光将自动调整到影院模式，窗帘自动关闭，影幕自动打开，各种音视频设备自动打开，自动选择好视频源，音量自动调节到适当位置，DVD自动播放您喜欢的影片……KC868让您实现随时随地的全方位控制，整合了对投影机功能控制、升降架控制、幕布升降控制和音响控制等功能。可以实现影院模式一键实现所有功能集中控制，不再需要一个个去控制每个操作，方便快捷。用无线遥控、红外遥控等方式对设备进行学习和设置，不需要更换设备，免去布线施工，立刻可以升级，如图4-44所示。

（5）电动窗帘、电动遮阳棚系统

KC868主机集成了电动窗帘、电动遮阳棚的自动控制。用户可以实现对家中所有的电动窗帘、电动遮阳棚自动或者远程控制。当您觉得外面太阳光太强时，您可以通过触摸屏关闭窗帘；启动遮阳棚，避免太多的光线进入室内。您也可以通过光照度感应器实现窗帘、遮阳棚的自动感应控制，当检测到室内光线太暗时，系统自动打开窗帘、遮阳棚，使得室内保持足够的光线。还可以实现一键情景控制，如图4-45所示。

（6）远程网络遥控系统

KC868主机集成了远程网络控制技术，当您身在办公室、飞驰的列车上时您同样可以通过互联网远程监控家里的设备。

您可能在出门后才想起忘了设置安防系统时，可以通过互联网为家中的安防系统启动布防；您也可以远程启动灯光系统的度假模式，家中的灯光就会模拟您在家一样自动亮起、熄灭，如图4-46所示。

3. 系统主要组成单元介绍

（1）智能控制主机KC868

KC868智能家居主机是一款基于ZigBee、射频、485、GSM网络及以太网交互协议的智能家居控制主机，

图4-43　安防监控系统

图4-44　数字家庭影院系统

图4-45　电动窗帘控制系统

图4-46　远程网络遥控系统

外观时尚新颖，软件操作界面亲切人性化，如图 4-47 所示。它具备强大的网络功能和灵活的自动化控制方式，是目前功能最全面，性价比最高的智能家居控制主机，无论何时何地，都可以通过客户端软件对您的住家实行实时监控，轻松实现您的智能家居梦想。

1）规格参数

- 主机尺寸：200mm×150mm×30mm。
- 外形颜色：黑色。
- 电　　压：DC 9V。
- 环　　境：温度：−20~60℃；湿度：10%~80%。
- 通信距离：射频 315MHz、空旷环境距离大于 100m。
  射频 433MHz、空旷环境距离大于 100m。
  2.4GHz ZigBee 自组网的方式通信，空旷环境距离大于 20m。

2）产品特点

- 无线控制：支持长距离 315MHz，无线射频发射（空旷地大于 100m）。
- 组合控制：支持定时控制，任何搭配情景模式动作。
- 网络控制：支持宽带网、GPRS 网络系统。
  支持移动手机平台客户端软件、Android、iOS 和 pad 平板。
  支持远程网络固件升级。
- 扩展控制：配合无线红外转发器，实现多路无线转红外控制。
  配合无线温湿度传感器，支持多点无线温度、湿度无线监控。

图 4-47　KC868 智能控制主机

3）安装简易方便

全部使用无线控制，不需改变原有的装修与线路，随时可增添设备。

（2）红外无线转发器

远距离全角度红外遥控信号无线转发器适用于大多数空调、电视机、DVD 机、功放、音响和有线电视机顶盒等红外线遥控产品。产品采用吸顶式设计，使用方便。内置大功率红外发射管，发射角度为全方位 360°，全方位覆盖房间的每一个角落，轻松实现高灵敏、高准确控制，如图 4-48 所示。

1）规格参数

- 工作电压：DC 5V。
- 外形颜色：白色。
- 设备功率：0.2W。
- 组网方式：ZigBee。
- 无线频率：2.4GHz。
- 工作环境：温度（−10~80℃），湿度（10%~95%）。

2）产品特点

- 无死角转发（360° 全角度转发）。
- 自组网传输。

图 4-48　红外线无线转发器

- 大容量存储（16MB Flash 存储容量）。
- 超强兼容性（适用家用 DVD、电视、空调等红外设备）。
- 低电压工作（DC 5V）。

（3）智能遥控开关灯光解决方案

高品质水晶触摸遥控面板，将先进的无线独立控制码与艺术设计理念相结合，适用于客厅、卧室、办公室和别墅等多种场合。跨越传统的外观设计思维，彰显科技生活品位，极具时尚魅力；用户可根据居室装修风格选择不同的开关面板颜色，定制 LOGO 和面板图案，让您的家居充满您的个性，享受更多生活乐趣，如图 4-49 所示。

1）规格参数

- 产品尺寸：86mm×86mm×30mm。
- 整机重量：150g。
- 工作电压：AC110~250V/50~60Hz 负载功率：每路 300W。
- 无线参数：2.4GHz。
- 传输距离：<20m。
- 静态功耗：<0.05mW。
- 工作环境：温度（−10~80℃），湿度（10%~95%）。
- 使用寿命：100000 次操作。
- 产品颜色：白色 / 金色。
- 产品材质：阻燃 ABS。
- 供电方式：零相线供电。

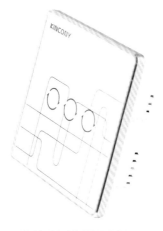

图 4-49　智能遥控开关

2）产品特点

- 首创高强度钢化玻璃面板。
- 炫彩透明，边缘精细打磨，高档防水可湿手操作。钢化玻璃面板阻燃、防碎、超强质感，经久耐用，永不变色。
- 高灵敏电容触摸式按键。
- 高贵的蓝色背景夜光设计，尊贵典雅，极具时尚魅力，处处体现时尚和科技的结合。
- 零相线供电方式。
- 零相线供电，适用于白炽灯、电子式荧光灯、射灯等。
- 美国进口微计算机控制技术。
- 工业级电路设计，触摸体验更灵活，封闭式纯银触点，独家专利的微安级功率设计，更节能环保。

（4）网络视频监控解决方案

网络摄像头是一种通过网络传输动态视频的设备，它可以将本地的动态视频通过网络传输到世界各地有网络连接的地方，通过互联网，用户可以随时看到想监控的地方，拓展了人类的视野范围。网络摄像头的视频传输基于 TCP/IP，内置 Web 服务器，支持 Inertnet Explore，用户可以通过 Web 页面管理和维护您的设备，实现远程配置，启动和升级固件。您可以使用网络摄像头监控家庭、办公室、工厂、连锁店和幼儿园等需要监控的场合，通过网络监控，可以对想监控的地方一览无余，在时间和空间上都大大方便了用户，如图4-50所示。

1）规格参数

- 快　　门：快门自适应。
- 镜　　头：4mm@F2.2，对角视场角100°，水平85°。
- 云台角度：水平0°~340°，垂直向上105°，向下15°。
- 镜头接口类型：M12。
- 日夜转换模式：ICR红外滤片式。
- 数字降噪：3D数字降噪。
- 宽动态范围：数字宽动态。
- 隐私遮蔽：支持。
- 压缩标准：视频压缩标准　Smart H.264。
- H.264编码类型：Main Profile。
- 视频压缩码率：超清、高清、均衡，码率自适应。
- 音频压缩码率：码率自适应。
- 图像：最大图像尺寸　1920×1080支持双码流。
- 帧率：最大15帧，网传帧率自适应。
- 图像设置：亮度、对比度、饱和度等（通过萤石工作室客户端调节设置）。

图4-50　无线网络摄像头

- 背光补偿：支持。
- 网络功能：智能报警、移动侦测。
- 一键配置：Smart Config、声波配置。
- 接口：存储接口　Micro SD卡（最大128G）。
- 电源接口：Micro USB接口。
- 有线网口：一个RJ45，10M/100M自适应以太网口。
- 无线参数：无线标准　IEEE802.11b，802.11g，802.11n。
- 频率范围：2.4~2.4835 GHz。
- 信道带宽：支持20MHz。
- 安全：64/128-bit WEP，WPA/WPA2，WPA-PSK/WPA2-PSK。
- 传输速率：11b：11Mbit/s，11g：54Mbit/s，11n：150Mbit/s。
- 一般规范：工作温度和湿度　-10~45℃，湿度小于95%（无凝结）。
- 电源供应：DC 5V±10%。
- 功耗：最大5.5W。
- 红外照射距离：10m（因环境而异）。
- 尺寸（mm）：87.7mm×87.7mm×112.7mm。
- 重量：256g（裸机）。

2）产品特点

- 支持本地和远程观看。
- 支持无线Wi-Fi。

- 支持 8~128G 存储卡。
- 支持红外夜视。
- 支持手机观看。
- 双向语音，内置送话器，可外接扬声器。
- 自带云台，可全方位控制。

（5）KC868 智能家居系统体验

让我们一起体验一下 KC868 智能家居生活的全新一天！

早上 8：00，卧室灯光自动亮起，窗帘缓缓拉开，音乐响起，开始播放您最喜欢的歌曲，咖啡机开始煮咖啡，全新的智能生活开始了；当您进入卫生间洗漱，卫生间灯光及音乐自动开启，主卧音乐关闭，当您洗漱完毕，走出卫生间，卫生间灯光及音乐自动关闭；进入厨房，咖啡已经煮好，面包已经加热完毕，已经可以享用早餐啦。这时，轻按软件控制端"早餐"模式，客厅电视机打开，电视机自动切换到中央新闻频道，边看新闻边享受早餐。

早餐完后，时间刚好 9：00，KC868 智能家居系统闹钟开始响起，电视机自动关闭，开始准备出门上班，走到家门口轻按随身的射频遥控器"离家"场景键，所有灯光全关，预设的全部电器电源全部切断，窗帘自动关闭，安防系统 3min 后自动离家总布防。

中午时间，在计算机上通过 INTERNET 网络摄像头，看一下家里的宠物或鱼缸里的鱼儿，通过网络远程控制喂食器给它们喂食物。

若在夏天，下班途中，用手机将空调先开启，回到家就可以享受丝丝凉意啦！若在冬天，下班前用手机将地热或地暖开启，回到家就可以享受温暖的冬天，如果还想回家洗个热水澡，还可以打电话同时将热水器启动，回到家就可以泡浴啦！驾车到车库门前，轻按随身射频遥控器的"回家"场景键，车库门自动打开，车库灯亮起，从车库通向客厅的走道灯光自动打开，客厅预设的"回家"灯光场景启动，预设的各路灯光已经调到预设的亮度，背景音乐自动开始播放预设音量的 MP3 歌曲，客厅电动窗帘缓缓拉开，夜色美景尽在眼前，饮水机开始加热。坐在沙发上，先小憩一下，让轻柔的音乐放松一下自己忙碌的神经；开始准备晚餐，进厨房，轻按"烹饪"场景键，厨房背景音乐响起，并自动播放 FM 调频立体声，财经之声开始广播，排风扇开始排风；"烹饪"完毕，轻按"结束"场景键，背景音乐关闭，3min 后灯光自动关闭，5min 后抽排油烟机及排风扇停止排风。

准备好晚餐，轻按数字遥控器上的"晚餐"场景键，"就餐"灯光开启，餐厅窗帘自动打开，与心爱的人一块喝着美酒，开始享受夜色美餐。

走入客厅，轻按数字遥控器上"影片"场景键，预设的灯关闭，辅助照明灯自动开启并调暗到预设亮度，同时 DVD、功放等影碟播放设备自动开机，电动投影幕自动拉下，投影仪启动，开始欣赏国际大片；30min 时后，客厅电话响起，客厅家庭影院系统自动降低音量，摘机通话，影碟机暂停，音响静音；和朋友通过话后，挂机，影碟机恢复播放，音响音量取消静音；欣赏完影片，准备"沐浴"，时间已过 21：30，进主卫生间，卫生间灯光自动感应开启，背景音乐开启并开始选择播放 CD 机的天籁音乐碟片；"沐浴"完毕，按一下"就寝"场景键，卧室预设灯光场景开启，卧室窗帘自动拉上，同时卫生间音乐自动关闭，3min 后，卫生灯光自动关闭。进入卧室，准备看一下时尚杂志，轻按"阅读"场景键，"阅读"灯光启动；"阅读"完毕，准备休息，轻按"休息"场景键，所有预设关的灯光及电器全部关闭，窗帘关闭，安防系统开始"休息"布防，花园周边安防系统与窗门磁红外幕帘开始全部警戒。

当晚上起夜时，轻按"起夜"场景键，卧室灯光开始慢慢亮起，这样既保护眼睛免受刺激，又延长了灯泡寿命，同时从卧室到卫生间的沿路灯光自动开启，沿路的安防系统自动撤防，当"起夜"完后，直接按"休息"场景键，灯自动全关，安防系统自动再次进入"休息"布防状态。凌晨 3：00 左右，安防声光报警器开始鸣叫，整屋灯光开始忽明忽暗地闪烁，马上打电话给小区保安，保安已在途中，2min 后将小偷抓获。

第5章

智能家居的工程方案实例

5.1 KC868 智能家居控制主机的安装说明

1. 产品安装图

KC868 智能家居系统主机如图 5-1 所示。

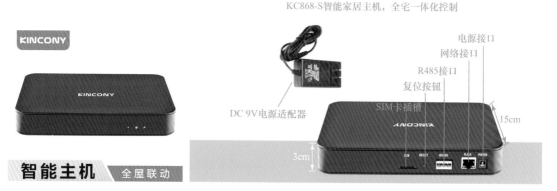

图 5-1 KC868 智能家居系统主机

1）SIM 卡：插入移动或者联通电话卡。

2）复位按钮：复位主机 IP 地址。

3）网口：标准以太网接口。

4）电源：9V/2A 电源连接口。

5）RS485：485 通信接口。

2. 产品工作方式

用户使用平行网线将 KC868 主机连接至路由器，接通电源，正常工作时，主机前面板的绿色指示灯常亮并伴随"滴"一声，表示设备联网成功，已经注册在线。

当用户使用的环境没有网络时，SIM 卡槽可以插入移动或者联通的电话卡来实现设备联网。

5.2 ZigBee 红外线转发器的使用方法

ZigBee 红外转发器是我公司智能家居系统的配套产品之一，当它与智能家居主机结合使用，即可将手机化身为万能遥控器，集中控制家中的电视、空调、音响、DVD、机顶盒等红外设备，使您在全球的任何地点均能实现家中红外设备的远程操控，并且还可配合主机联动设置多种情景模式，如图 5-2 所示。

1. 规格参数

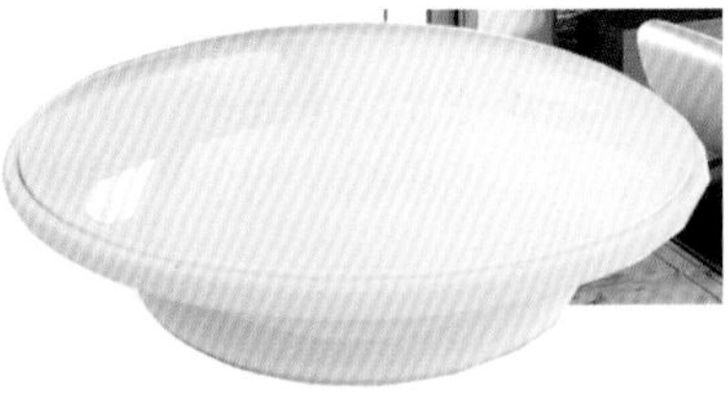

- 产品尺寸：110mm×36mm。
- 颜色：白色。
- 功率：0.2W。
- 工作电压：DC 5V/1A。
- 工作环境：温度 −10~+80℃ / 湿度 10%~95%。
- 通信方式：2.4GHz。
- 内置红外发射头数量：7 个。
- 最大可控按键数：1000 个。
- 安装方式：悬挂式 / 摆放式。
- 解码长度：2048 位。

图 5-2　红外转发器

2. 安装说明

- ZigBee 红外转发器和受控设备之间，不可有遮挡物。
- ZigBee 红外转发器需预留 AC 220V 电源插座。
- ZigBee 红外转发器必须安装在受控设备附近，并且需要先在手机端学习受控设备的遥控器功能，方可通过主机控制受控设备。

3. 主机客户端设置说明

步骤一：单击"我的"→"主机管理"→"添加→"扫描二维码"随后取设备名称，单击"添加"添加主机成功，如图 5-3 所示。

步骤二：单击"我的"→"我的设备"→"未分类"中图 5-4 所示，会自动显示已经组网成功的 ZigBee 红外转发器。

步骤三："未分类"里长按归类到房间后添加模板就可以控制；若不能控制，请到主机管理，侧滑→编辑，查询主机的网络号和信道（默认 8192/25），若不是请改正后，写入主机，如图 5-5 所示。

图 5-3　添加主机

图 5-4　未分类搜索转发器

图 5-5　查看或修改主机的网络号和信道

4. 学习遥控器功能

步骤一：归类到对应的房间后→返回主页对应房间→进入红外转发器控制页面→单击"+"→添加模块→选择需要的电视或者空调遥控器模块，如图 5-6、图 5-7 所示。（为便于说明，APP 内的遥控器控制模块称为虚拟遥控器，真实遥控器称为遥控器。）

步骤二：添加完成→返回遥控器模块界面→长按虚拟遥控器的任一按键→出现学习按键→单击学习按键→转发器会发出"滴"一声响→此时迅速按下遥控器上的对应按钮→转发器发出"滴"一声响→学习完成，如图 5-8 所示。

步骤三：重复步骤二操作→逐一学习遥控器上其他按键功能→若想改变学习的对应按键→无需其他操作→直接重新学习此按键即可→新的按键功能会自动覆盖之前的按键。

图 5-6　房间内添加转发器成功

图 5-7　添加电视机模板

图 5-8　电视遥控器学习

5.3　ZigBee 开合型窗帘电机的使用方法

ZigBee 开合型窗帘电机，是一款基于 ZigBee 协议而设计的新型产品，主要用于控制开合型窗帘的开启关闭。与普通窗帘电机相比，它具有自组网功能，不需要通过窗帘面板，也无需对码学习，即可使用；并且与主机配合，通过手机、平板计算机等移动终端，即可实时查看并远程操控家中窗帘的开关，同时可配合联动多种情景模式，如清晨定时拉开窗帘，让第一缕阳光将您从梦中唤醒；在您离家后强烈的阳光直晒家具时，忘关的窗帘将自动闭合。

本产品应用广泛，适用于家庭、办公、医院和酒店等场合，目前暂时只能和我公司智能家居主机组网使用。由于此电机通信协议是我公司在国际标准通信协议基础上，自主研发的智能家居通信协议，因此可配合二次开发；同时提供单轨、双轨窗帘电机的个性定制，如图 5-9 所示。

1. 规格参数

- 工作电压：AC 220V/50Hz。
- 工作频率：2.4GHz。
- 功率：55W。

- 系统负载：45kg。
- 开关模式：单 / 双开。
- 轨道：单 / 双轨。
- 扭矩：1.0N·m。
- 运行速度：0.2m/s。
- 额定转速：120r/min。
- 工作环境：−40~+85℃。
- 绝缘等级：I.CI.E。
- 防护等级：IP20。

图 5-9　ZigBee 开合型窗帘电机

2. 窗帘电机的接线方式

当用户没有安装窗帘开关面板时，我们只需接通蓝色（零线）和绿色（相线）两根线即可正常工作；若用户还安装了窗帘开关面板，请按图 5-10 的颜色定义接入开关面板对应的接线端子上。

3. 主机客户端设置说明

步骤一：单击"我的"→"我的设备"→"未分类"中图 5-11，里面会自动显示已经组网成功的 ZigBee 电机（设备名称叫窗帘，同时还有地址码），"未分类"里长按"归类到房间"后就可以控制。

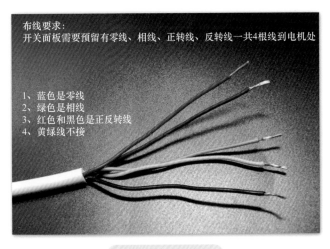

图 5-10　布线要求

图 5-11　主机客户端设置

5.4　ZigBee 零、相无线开关的使用方法

86 型 ZigBee 零、相无线开关面板用于家庭常用灯具的开关，与普通智能开关面板相比，它无需对码学习，简单易用，并且与主机配合，能远程实时查看并控制家中灯光的开关情况，是未来开关面板的主流。开关面板接线方式为零、相接线，有 1 路、2 路、3 路灯光开关面板可供选择。颜色分为白色和香槟色，如图 5-12 所示。

一键　　　　　　　　　两键　　　　　　　　三键

图 5-12　ZigBee 零、相无线开关

1. 规格参数

- 产品尺寸：86mm×86mm×30mm　标准 86 型。
- 产品颜色：白色 / 香槟色。
- 工作电压：AC100~260V、50Hz/60Hz。
- 工作温度：0~40℃。
- 控制方式：触摸、遥控。
- 控制频率：2.4GHz。
- 负载功率：<1000W（白炽灯类型）
　　　　　　<300W（节能灯、荧光灯、LED 灯等）。
- 接线方式：零、相接线。

2. 安装说明

步骤一：安装前，使用一字旋具，撬开 ZigBee 双向开关面板，如图 5-13 所示。

步骤二：参考图 5-14 开关面板接线示意图，在断电情况下，将原灯具的接线接入到开关面板对应接口处。

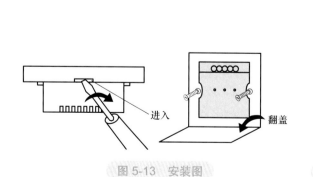

进入　　翻盖

1路面板

相线　　⊗　　零线

图 5-13　安装图　　　　　图 5-14　ZigBee 灯光开关面板接线示意图

步骤三：使用开关面板配备的螺钉或用户的螺钉，将底座安装到暗盒内。

步骤四：在断电情况下，合上 ZigBee 双向灯光开关面板。

步骤五：上电，用手触摸开关面板上控制按钮，查看是否可以正常控制。

安装注意事项：

1）为了安全，安装前，请务必断电操作。

2）开关面板接线时，务必在断电情况下进行，否则可能导致开关面板功能不正常。

3）ZigBee 双向灯光开关面板合上时，务必在断电情况下进行，否则可能导致手动控制不正常。安装后可通过重新上电，查看是否可以恢复正常控制。

3. 主机客户端设置说明

 注意：

1）主机网络 ID 号和灯光开关面板网络 ID 号必须保持一致。

2）主机根据灯光开关面板的地址码，控制不同的灯光开关面板。

步骤一：单击"我的"→"主机管理"→"添加"→"扫描二维码"，随后取设备名称，单击"添加"，添加主机成功，如图 5-15 所示。

步骤二：单击"我的"→"我的设备"→"未分类"如图 5-16 所示中图标 2，里面会自动显示已经组网成功的 ZigBee 开关面板（设备名称叫双向灯，同时还有面板的地址码），"未分类"里长按"归类到房间"后就可以控制，如图 5-17 所示。

图 5-15　添加主机

图 5-16　添加操作（一）

图 5-17　添加操作（二）

4. 双控功能实现

步骤一：如图 5-18 所示，面板 B 的开关接灯，面板 A 的开关只接供电电线不接电灯；手机 APP 里添加到对应的房间时，添加面板 B 的开关，面板 A 的开关仍留在未分类里。

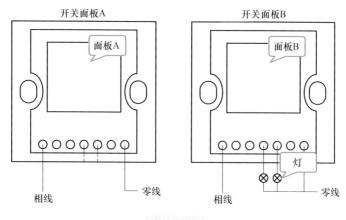

图 5-18

步骤二：双控功能绑定：面板 A 的开关供电不接灯→面板 B 的开关供电接灯→长按面板 B 的开关按键（约 10s）→蜂鸣器连续响 1 长 2 短共 2 次蜂鸣声→松手→面板 A 的开关蜂鸣器响 1 声→进入绑定学习模式（学习时间只有 10s）→马上按下面板 A 的开关对应按键→10s 后→面板 A 的开关和面板 B 的开关蜂鸣器都响 1 声→绑定学习成功→否则，重新绑定学习。

若需要进行三控设置：长按面板 B 的开关按键（约 10s）→蜂鸣器连续响 1 长 2 短共 2 次蜂鸣声→松手→10s 内→按下面板 A 的开关→紧接着按下面板 C 的开关→10s 后→面板 A 和面板 B 和面板 C 的开关都响一声→绑定学习成功→否则，重新绑定学习。

绑定关系解除：

长按面板 A 按键 15s，蜂鸣器连续响 3 声；松手后再点按一次按键确认，蜂鸣器响一声，则该面板的该按键绑定关系都清除。再对面板 B 或面板 C 的按键做同样的操作，相互绑定关系清除。

 注意：

1）清除面板 A、B、C 的任一路双控关系，不影响其他几路的绑定关系。

2）当面板 A、B 同时改为另一个相同 ZigBee 网络号和信道时，绑定关系仍存在。

5. ZigBee 网络号配置

1）ZigBee 网络号配置模式：长按面板任一路按键 20s 至蜂鸣器连续响 5 声；松手后再点触一次该按键确认，蜂鸣器响一声后再响一声，则该面板 ZigBee 网络号为 4096，即进入配置模式。

2）ZigBee 网络号恢复出厂模式：长按面板任一路按键 25s，蜂鸣器连续 6 声响；松手后再点触一次该按键确认，蜂鸣器响一声后再响一声，则该面板 ZigBee 网络号为 8192，已恢复。

5.5 86 型 ZigBee 零、相调光开关的使用方法

86 型 ZigBee 零、相调光开关用于家庭常用灯具的亮度调节，与普通智能调光开关面板相比，它无需对码学习，简单易用，并且与主机配合，能远程实时查看并控制家中灯光的亮度情况，是未来调光开关面板的主流。调光开关面板接线方式为零、相接线，有白色和香槟色可供选择，如图 5-19 所示。

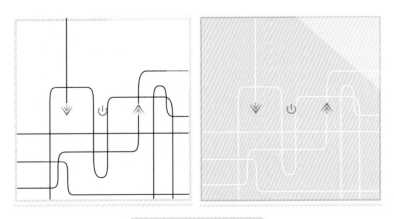

图 5-19　调光开关面板

1. 规格参数

- 产品尺寸：86mm×86mm×30mm，标准 86 型。
- 产品颜色：白色、香槟色。
- 工作电压：AC100~260V、50Hz/60Hz。
- 工作温度：0~40℃。
- 控制方式：触摸、遥控。
- 控制频率：2.4GHz。
- 负载功率：<1000W（白炽灯类型）。
- 接线方式：零、相接线。

2. 安装说明

步骤一：安装前，使用一字旋具，撬开 ZigBee 调光开关面板，如图 5-20 所示。

步骤二：参考 5-21 调光开关面板接线示意图，在断电情况下，将原灯具的接线接入到调光开关面板对应的接口处。

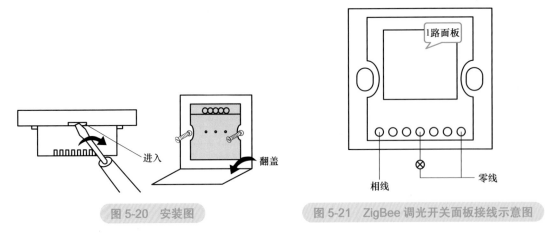

图 5-20　安装图

图 5-21　ZigBee 调光开关面板接线示意图

步骤三：使用调光开关面板配备的螺钉或用户的螺钉，将底座安装到暗盒内。

步骤四：在断电情况下，合上 ZigBee 调光开关盖板。

步骤五：上电，用手触摸调光开关面板上控制按钮，查看是否可以正常控制。

安装注意事项：

1）为了安全，安装前，请务必断电操作。

2）调光开关面板接线时，务必在断电情况下进行，否则可能导致调光开关面板功能不正常。

3）调光开关面板合上时，务必在断电情况下进行，否则可能导致手动控制不正常。安装后可通过重新上电，查看是否可以恢复正常控制。

3. 主机客户端设置说明

单击"我的"→"我的设备"→"未分类"如图 5-22 所示，界面会自动显示已经组网成功的 ZigBee 开关面板（设备名称为调光灯泡，同时还有面板的地址码），"未分类"里长按"归类"到房间后就可以控制，如图 5-23 所示。

图 5-22 调光灯的设置（一）

图 5-23 调光灯的设置（二）

5.6 ZigBee 中继器的使用方法

ZigBee 无线中继器是辅助我公司智能控制主机，扩大其信号覆盖范围的一款功能设备。它可以有效连接智能控制主机和超出主机有效控制区域的其他 ZigBee 终端设备，实现中继组网，从而扩大主机的控制区域，并传输主机的控制命令到相关终端网络设备，达到预期传输和控制的效果。

ZigBee 无线中继器采用电池供电设计，自行中继组网，扩散网络信号，组建庞大的树形网络，实现网络的灵活顺畅运行，保障智能家居系统信号的畅通运行。

1. 规格参数

- 产品尺寸：100mm×100mm×30mm。
- 产品颜色：白色。

- 通信方式：IEEE802.15.4（ZigBee）。
- 频宽：2.4~2.4835 GHz。
- 通信距离：室内 30~50m、室外 100m。
- 工作温度：−10℃ ~50℃。
- 工作湿度：最大 95%RH。
- 状态显示：LED 电源指示。

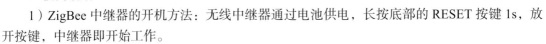

图 5-24　ZigBee 中继器

2. 使用说明

1）ZigBee 中继器的开机方法：无线中继器通过电池供电，长按底部的 RESET 按键 1s，放开按键，中继器即开始工作。

2）ZigBee 中继器关机方法：长按中继器底部的 RESET 按键 3s，放开按键，中继器即可关闭。

3. 主机客户端设置说明

使用 ZigBee 中继器时，必须和当前主机、终端配件处在同一个网络号下，ZigBee 无线中继器的网络号可以通过底部的 RESET 按键进行设置，具体方式如下：

步骤一：中继器在通电的情况下，在 3s 内连续按 RESET 键 5 次，中继器的网络号即可变为 4096。

步骤二：进入主机管理→侧滑→修改，单击"配置终端"按键，主机的网络号和信道也将变成 4096 和 25，如图 5-25 所示（当主机的网络号/信道跟中继器的网络号/信道全都变成 4096/25 时，中继器就进入了可修改的状态，此时进行步骤 3 操作，即可修改中继器的网络号和信道）。

步骤三：在终端窗口中输入需要设置的网路号和信道，比如 8192 和 25，再单击"写入终端"，最后在主机的网路号和信道中也输入 8192 和 25，再单击"写入主机"，如图 5-26 就可以将中继器和主机全部改成 8192 和 25；中继器即可以实现中继的功能。

图 5-25　单击"配置终端"　　　　图 5-26　修改中继器的网络号和信道

5.7 ZigBee 情景开关的使用方法

ZigBee 情景开关主要用于触发智能家居控制主机绑定的情景模式，执行多个自定义动作。本款情景开关面板为 3 路按键模式，其中各种模式可提供图案个性定制，如图 5-27 所示。

1. 规格参数

- 产品尺寸：86mm×86mm×30mm，标准 86 型。
- 产品颜色：白色。
- 整机重量：490g。
- 工作电压：AC220V±10%/50Hz。
- 工作温度：−10~40℃。
- 工作湿度：30%~80%。
- 接收频率：2.4GHz → ZigBee 通信。
- 供电方式：零、相线供电。
- 使用寿命：100000 次操作。

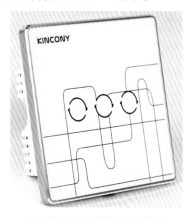

图 5-27 ZigBee 情景开关

2. 安装说明

步骤一：安装前，使用一字旋具，撬开情景开关面板，如图 5-28 所示。

步骤二：参考图 5-29 情景开关面板接线示意图。在断电情况下，把电源线接入到开关面板对应接口处。

步骤三：使用开关面板配备的螺钉或用户的螺钉，将底座安装到暗盒内。

步骤四：在断电情况下，合上情景开关面板。

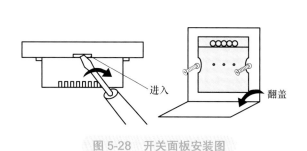

进入

翻盖

图 5-28 开关面板安装图

相线 零线

图 5-29 情景开关面板接线示意图

 注意：若用户带电安装，请在安装好后盖上盖板，给面板重新上电。

安装注意事项：

1）为了安全，安装前，请务必断电操作。

2）在开关面板接线时，务必在断电情况下进行，否则可能导致开关面板功能不正常。

3.App 客户端设置说明

1）主机管理：单击"我的"→"主机管理"→单击"添加"，扫描主机二维码，添加主机，显示在线后，再添加设备，如图 5-30 所示；如图 5-31 所示。

图 5-30　主机添加管理

图 5-31　房间设备列表

2）创建情景模式：登录 App 客户端，单击"情景模式"→"+"→输入模式名称，选择模式图标，时间设置可选（实现定时的功能），模式设置里面自定义添加情景模式动作，单击"保存"，完成添加，如图 5-32、图 5-33、图 5-34、图 5-35 所示。

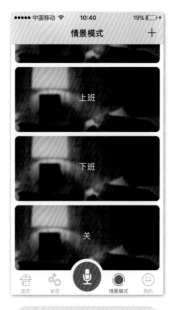

图 5-32　添加情景模式

图 5-33　自定义添加情景模式

图 5-34　定时时间设置（可选项）

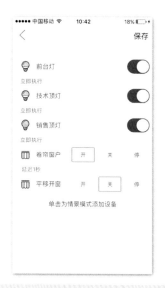

图 5-35　模式设置（情景动作设置）

　　用户添加情景模式时，"模式名称"可自定义，比如回家模式、离家模式、会客模式等；"模式图标"用户也可自定义；"时间设置"是定时器功能，例如重复时间为周一、周二、周三，时间是 8：00，其含义是周一到周三的每天 8 点钟执行该情景模式；"模式设置"里面是添加情景模式的动作，用户可以选择任一动作，并设置其状态，单击"立即执行"几个字，可以选择设置每个动作之间的执行间隔，比如用户选择延迟 1s，表示上一个动作执行完 1s 后再执行下一个动作。

　　3）情景面板联动使用介绍：

　　步骤一：单击"我的"→"我的设置"→"ZigBee 情景面板"→"+"输入设备名称，关联情景，若有多个主机选择相对应的主机，如图 5-36 所示，添加成功后界面如图 5-37 所示。

图 5-36　添加情景面板按键

图 5-37　情景面板按键学习界面

⚠️ 注意：填写面板后盖标签上的按键地址码，应加上1或2或3，代表第一个按键，第二个按键，第三个按键。

例：面板地址码是58306，那么第一个按键的"按键地址码"就是583061，第二个是583062，第三个是583063。

步骤二：手动添加成功后，当用户按情景面板按键时，对应绑定的情景模式就会执行动作。

5.8 ZigBee 无线门磁传感器的使用方法

智能家居安防系统是由智能家居主机和安防报警系列传感器组成，如图5-38所示。其中安防报警系列传感器可分为门磁、幕帘、燃气探测器、烟雾探测器、人体红外探测器和漏水传感器等。

ZigBee 无线门磁传感器是用来探测门、窗、抽屉等是否被非法打开或移动。无线门磁传感器自带无线发射器，当主机设防状态下的门或窗被打开或者关闭时，门磁传感器将主动发送无线信号给主机，主机收到报警信号后可以联动触发情景模式，比如打开声、光报警器并同时会将警情推送通知户主，从而防止非法闯入，保护家庭安全。

1. 规格参数

- 工作电压：DC3V（2×AAA电池）。
- 待机电流：≤ 0.5μA。
- 报警电流：≤ 35mA。
- 探测距离：>15mm。
- 联网方式：ZigBee 自组网。
- 工作温度：−10~55℃。
- 工作湿度：最大95%。
- 探测器尺寸：76mm×36.6mm×16.5mm。
- 磁体尺寸：76mm×13.9mm×16.5mm。

图 5-38　ZigBee 无线门磁传感器

2. 安装说明

无线门磁传感器安装说明如图5-39所示。

3. 主机客户端的设置

步骤一：单击"我的"→"我的设置"→"安防设置"；单击右上角的"+"，输入设备名称（自定义），选择 ZigBee 传感器，选择要关联的情景模式（可选项），输入推送内容（自定义报警输出推送的内容），地址码见设备机身标签。单击保存如图5-40所示。

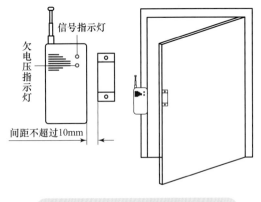

图 5-39　无线门磁传感器安装示意

⚠️ 注意：当多个主机时，选择相对应楼层的主机。

图 5-40　主机客户端的设置（一）

图 5-41　主机客户端的设置（二）

步骤二：添加完成后，返回安防设置界面，有三组撤布防的时间可以设置，如果用户想 24h 布防，可以选择其中一组如图 5-42 表示 24 小时布防有效。

图 5-42　安防设置（一）

图 5-43　安防设置（二）

步骤三：第一次使用传感器，先做退网操作，再做重新入网操作，具体操作步骤如下：

1）使用传感器自带的顶针，长按机身边上的"设备组网键"8s，如图 5-44 所示，可以看到机身上的红灯会微弱地闪烁一下，表示退网成功。

2）退网后，将传感器拿至其他已经受控的 ZigBee 配件边上（比如开关面板），用顶针轻轻地按一下"设备组网键"，可以看到黄灯会开始闪烁，表示设备开始重新组网，组网成功时，黄灯熄灭。此时，门磁每次被分开时，就会触发推送报警信号，联动对应的情景模式，如图5-45所示。

3）如果触发时，没有联动情景模式和推送，请重复1和2的步骤（应确保主机在线，才可以操作）。

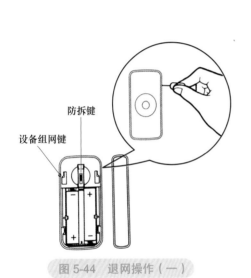

防拆键

设备组网键

图 5-44　退网操作（一）

图 5-45　退网操作（二）

5.9　ZigBee 无线人体红外探测器的使用方法

智能家居安防系统是由智能家居主机和安防报警系列传感器组成。其中安防报警系列传感器可分为门磁、幕帘、燃气探测器、烟雾传感器、人体红外探测器和漏水传感器等。

本产品为高稳定性被动红外探测器，如图5-46所示。它使用了先进的信号分析处理技术，拥有超高的探测和防误报性能。在主机设防状态下若有入侵者通过探测区域时，探测器将自动探测区的域内的人体活动，如有动态移动现象，则向主机发送报警信号，实现远程报警等功能。本产品应用广泛，适用于家庭住宅区、楼盘别墅、厂房商场、仓库和写字楼等场所的安全防范。

1. ZigBee 无线人体红外探测器规格参数

- 工作温度：−10~+50℃。
- 产品尺寸：65mm×65mm×28.5mm。

图 5-46　ZigBee 无线人体红外探测器

- 工作电压：DC3V（一颗 CR123A 电池）。
- 待机电流：≤ 15μA。
- 报警电流：≤ 30mA。
- 联网方式：ZigBee 自组网。
- 探测角度：90°。
- 安装高度：2.1m。
- 探测距离：6~8m。

2. 主机客户端的设置

步骤一：单击"我的"→"我的设置"→"安防设置"，如图 5-47 所示；单击右上角的"+"，输入设备名称（自定义），选择 ZigBee 传感器，选择关联的情景模式（可选项），输入推送内容（自定义报警输出推送的内容），地址码见设备机身标签。单击保存如图 5-48 所示。

 注意：当多个主机时，选择相对应楼层的主机。

图 5-47 主机客户端的设置　　　　　　　　图 5-48 添加设备

步骤二：添加完成后，返回安防设置界面，有三组撤布防的时间可以设置，如果用户想24h 布防，可以选择其中一组如图 5-49、图 5-50 表示 24h 布防有效。

图 5-49　安防设置（一）

图 5-50　安防设置（二）

步骤三：第一次使用人体红外传感器，先做退网操作，再做重新入网操作，具体操作步骤如下：

1）使用传感器自带的顶针，长按机身边上的"设备组网键"8s（见图 5-51），可以看到机身上的红灯会微弱地闪烁一下，表示退网成功。

2）退网后，将传感器拿至其他已经受控的 ZigBee 配件边上（比如开关面板），用顶针轻轻地按一下"设备组网键"，可以看到黄灯会开始闪烁，表示设备开始重新组网，组网成功时，黄灯熄灭。此时，人体红外每次被触发时（红灯会亮），就会触发推送报警信号，联动对应的情景模式。

3）如果触发时，没有联动情景模式也没有推送，请重复 1 和 2 的步骤（确保主机在线时，才可以操作）。

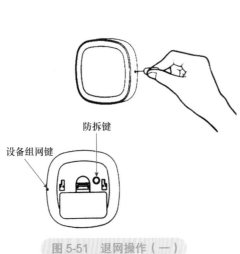

图 5-51　退网操作（一）

图 5-52　退网操作（二）

5.10 ZigBee 无线烟雾传感器的使用方法

智能家居安防系统是由智能家居主机和安防报警系列传感器组成。其中安防报警系列传感器可分为门磁、幕帘、燃气探测器、烟雾传感器、人体红外探测器和漏水传感器等，如图 5-53 所示。

本产品为光电式烟感传感器，体积小巧、工作稳定可靠、性价比高，能对各类早期火灾发出的烟雾及时做出报警；产品内带无线发射模块，当它与我公司智能主机配合使用时，除了进行本地声、光报警外，还能向主机发送报警信号，让用户通过手机，远程即可知晓家中险情并进行相应的处理，避免火灾事件的发生。

由于采用了独特的结构设计及光电信号处理技术，本产品具有防尘、防虫、抗外界光线干扰等功能，对缓慢阴燃或明燃产生的可见烟雾有较好的反应，适用于住宅、商场、宾馆、饭店、办公楼、教学楼、银行、图书馆、计算机房以及仓库等室内环境的烟雾监测。

1.ZigBee 无线烟雾传感器规格参数

- 产品尺寸：60mm×60mm×49.2mm。
- 工作电压：DC3V（一颗 CR123A 电池）。
- 待机电流：≤ 10μA。
- 报警电流：≤ 60mA。
- 联网方式：ZigBee 自组网。
- 报警声压：85dB/3m。
- 工作温度：−10~50℃。

图 5-53 ZigBee 无线烟雾传感器

2. 主机客户端的设置

步骤一：单击"我的"→"我的设置"→"安防设置"；单击右上角的"+"，输入设备名称（自定义），选择 ZigBee 传感器，选择要关联的情景模式（可选项），输入推送内容（自定义报警输出推送的内容），地址码见设备机身标签，如图 5-54 所示。单击保存如图 5-55 所示。注意：多个主机时，选择相对应楼层的主机。

图 5-54 主机客户端的设置（一）

图 5-55 主机客户端的设置（二）

步骤二：添加完成后，返回安防设置界面，有三组撤布防的时间可以设置，如果用户想24h布防，可以选择其中一组如图5-56、图5-57所示，表示24h布防有效。

图 5-56 安防设置（一）

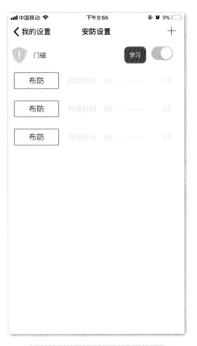

图 5-57 安防设置（二）

步骤三：第一次使用人体红外传感器，先做退网操作，再做重新入网操作，具体操作步骤如下：

1）使用传感器自带的顶针，长按机身边上的"设备组网键"8s（见图5-58），可以看到机身上有个红灯会微弱的闪烁一下，表示退网成功。

图 5-58 设备组网键

2）退网后，将传感器拿至其他已经受控的ZigBee配件边上（比如开关面板），用顶针轻轻地按一下"设备组网键"，可以看到黄灯开始闪烁，表示设备开始重新组网，组网成功时，黄灯熄灭。此时，烟雾传感器每次被触发时（蜂鸣器会响），就会触发推送报警信号，联动对应的情景模式，如图 5-59 所示。

3）如果触发时，没有联动情景模式也没有推送，请重复 1 和 2 的步骤（另外，确保主机在线才可以操作）。

图 5-59 安防设置

第 6 章

智能家居常见典型方案实施案例

6.1　系统概述

总体要求：

1）采用不需要重新布线的智能控制系统，模块化结构，以确保整个系统的操作灵活性。

2）采用多样式智能控制终端，支持安卓（Android）、iPhone4/4S（iOS）等手机或 pad 平板计算机。

3）要集成对中央空调的控制，要求通过中央空调本身提供的控制接口，完整地控制中央空调所有室内机，读取每个面板上的温度设定值和房间实际温度、冷暖模式，并显示在主人房间集中控制的触摸屏或 pad 上，通过一台触摸屏随意控制每个房间的空调，并支持远程 Internet 访问。

4）系统可以根据每个房间的使用情况：有人、无人、温度、湿度、季节、时间等，实现对中央空调、灯光、窗帘的自动管理。如有人进入房间时，窗帘自动打开，空调自动启动，晚上灯光自动调亮；无人时，自动关闭空调、窗帘和灯光。

5）安防系统做到万无一失，要和安防、报警联动。报警时给主人发短信或打电话，报警区域灯光亮起。

6）控制对象，包括灯光调节、电动窗帘、遮阳系统、中央空调、热水器、家庭影院系统、电动门窗、安防报警系统和背景音乐系统等。

6.2　功能概述

1. 入户门

1）安装门磁报警系统

2）通过门的开关状态，设定灯光、空调等家电的不同的情景模式或主人离家状态的报警。

2. 内院

1）内院入口灯、车道灯具有定制控制功能，晚上 8：00～凌晨 5：00，无人、车时，灯光自动关闭；人、车经过时，灯光开启。

2）无论是门厅的触摸屏上，还是手中的移动控制终端，都可以随时随地查看内院的场景。

3）当主人离家或夜晚入睡时，设置为设防状态，当内院有人走动时，自动发短信或打电话报警，同时内院和室内的灯光自动打开，提醒主人的同时也会吓走盗贼。

3. 门厅

1）配置便携式场景遥控器1个，设置遥控器为欢迎和离家模式，当客人来到时，一个Welcome 场景，灯光将整个客厅照亮。

2）在正门入口处安装1个安卓或苹果系统的显示触摸屏（挂壁安装），管理整个别墅的灯光、窗帘、空调、安防和监控。可设置各种个性化控制模式，如回家模式、离家模式、迎宾模式和度假模式等。

回家模式：客厅、走道、玄关的灯光场景控制，欢迎主人回家或者客人的来访。开门后，主人只要按一下"回家模式"，门厅及客厅的灯光开启，客厅的窗帘关闭，同时沿着上楼的楼梯灯光自动开启。

离家模式：将整个别墅的灯光、空调和电器全部关闭。

3）可以在触摸屏上调节每个房间的灯光、窗帘和空调，显示室内外温湿度。离开触摸屏，屏幕自动切换为省电模式或根据客户的需要自动切换为一幅美丽的风景画或主人的电子相册。

4）远程Internet控制功能，让主人在外地通过网络随时监控家中的灯光、空调和报警信息。

4. 客厅

1）功能：灯光调节、电动窗帘控制和中央空调。

2）安装触控式场景遥控器1个，控制灯光和电动窗帘。

3）灯光设置多个场景：如"会客""看电视""休闲""调亮""调暗"和"自动"，具体灯光场景效果可根据主人的喜好而设定。在不同场合，只需要按下场景遥控器中其中的一个场景，完美的灯光氛围瞬间转化。

4）设置1个湿度传感器，湿度值可以在门厅触摸屏上显示出来。在黄霉天，湿度比较大，超过预先设好的湿度警戒值，系统会发出报警提示，同时自动启动空调的除湿功能，直至恢复到正常值。

5）空调的控制内容为设定各个区域的温度、风速、模式、ON/OFF，通过触摸屏集中控制，也可以通过 Internet 控制。

6）电动窗帘即可以本地面板控制也可以集中控制。

7）在夏季，当室外日照强烈，气温超过 37℃，自动拉上窗帘遮阳。并具有定时控制功能，早上太阳升起时，自动开窗。

5. 厨房

功能：

1）要灯光、空调、排风扇和电动窗帘的自动控制。

2）安装1个烟雾报警器，当火险发生时，本地报警，管理中心报警，电话报警。

6. 餐厅

功能：灯光调节，安装1个场景遥控器，通过灯光设置多个场景："备餐""用餐""烛光""调亮""调暗"和"全关"等,可根据主人的喜好而设定。在不同的场合,只需要按下其中的一个场景,完美的灯光氛围瞬间转化。

7. 车库

1)车库采用智能控制车库门的开关,当车辆驶入别墅时,车库门自动开启;离开时,自动关闭。

2)安装人体移动感应器,具有安防报警作用,夜间设防后,有人闯入立刻启动报警系统。

8. 卫生间

1)装有一个门磁感应报警器,开门后,灯光自动亮起,排气扇随之自动换气。

2)寒冷的冬季,主人可通过触摸屏设置时间,定时开启卫生间的空调或地暖,比如清晨,主人还在睡眠中的时候,自动对卫生间加热,方便主人起床后使用。

3)安装智能调光面板1个,可手动调光。晚上,当主人起夜时,卫生间的主灯光自动调整为30%的亮度,避免刺眼。

9. 棋牌室、酒吧

灯光调节:墙面安装智能调光面板1个,设置如下场景:"酒吧""明亮""暗淡""调亮""调暗"和"全关"。酒吧场景:灯光自动调节到一定的亮度,灯光瞬间变得暗淡旖旎。

10. 影音室

1)控制对象:灯光开关、灯光调光、电动窗帘和中央空调

2)在入口处安装1个场景遥控器,对以上设备进行智能化控制,根据主人的喜好设置常用场景模式,如"入场准备""放映观看""中间休息""纯音乐""调光"和"离场"。

按下"准备"模式,灯光自动调亮,空调自动启动,投影机吊架自动放下,人员入场。

按下"放映观看"模式,灯光逐渐暗下(过度时间为2s),只留有最后面的两个壁灯(主人喜好的亮度),电动窗帘自动闭合,投影机自动打开。

按下"中间休息"模式,灯光渐亮,方便休息,在吧台喝点咖啡。

按下"纯音乐"模式,单独的音乐欣赏,灯光调节到一个温和的亮度。

按下"调光"模式,可对以上4个场景的灯光亮度做手动调节,以适合不同人的要求。

按下"离场"模式,灯光全关,窗帘打开,投影机吊架自动收起,空调自动关闭。

以上所有场景模式均在场景遥控器上进行,遥控器上都有数字标示区分,很容易记忆和使用。

11. 健身房

要求灯光控制,背景音乐。随着灯光的开启,随之音乐响起,伴随音乐的节奏轻松愉快的健身。

12. 书房

1)安装1个场景遥控器,控制灯光、电动窗帘。

2)场景功能包括看书、休息等多个场景,一键切换调节灯光。

13. 楼梯 / 走道

楼梯走廊口装有一个人体移动感应器，离家或夜晚入睡状态时，设置为设防状态。

14. 储藏室

配置温湿度传感器，可以检测室内温度和湿度并在客户端软件中显示，当温度达到一定程度时，空调自动开启除湿或关闭。

15. 卧室

1）灯光调节、电动窗帘、中央空调。

2）在卧室入口和床头各处安装 1 个场景遥控器。

3）灯光设置为"明亮""看电视""起夜""早安""调亮"和"调暗"等场景。

4）起夜场景：床头灯打开时，卫生间的灯也同时打开。

16. 强大的安防系统确保财物和主人生命安全

1）系统拥有多个防区，可以直接和安防系统联系在一起，当安防主机报警时，庭院的灯光、室内的灯光都将打开，提醒主人的同时，也会吓走盗贼。

2）无论是在门厅的大触摸屏上，还是手中的智能手机，都可以查看庭院的录像。

3）住宅内安装各种无线探测器、人体红外探头、门磁和烟雾探测器等安防探头。当出现紧急情况时，系统可通过电话告知住户。

4）各房间安装呼叫按钮，当主人在夜间听见可疑声响时，按下紧急按钮后，将自动开启整个住宅的灯光，对盗贼产生震慑作用。

5）在别墅大门上安装高分辨率监控摄像头。

6.3　产品功能说明

1. 86 型触摸屏无线遥控开关 / 调光面板

该开关可直接取代家中的墙壁开关面板，通过它不仅可以像正常开关一样使用，更重要的是它已经和家中的所有无线智能控制设备自动组成了一个无线控制网络，可以通过 KC868 智能控制主机向其发出开关调光等指令。其意义在于主人离家后无需担心家中所有的电灯是否忘了关掉，只要主人离家，所有忘记关闭的电灯会自动关闭。或者您将睡觉时无需逐个房间去检查灯是否开着，您只需按下手机中自己设定好的情景模式，即刻所有的灯光将会自动关闭。

2. 无线温度湿度传感器

主要用于探测室内、室外的温度、湿度。虽然绝大多数空调都有温度探测功能，但由于空调的体积限制，它只能探测到空调出风口附近的温度，这也证实了很多消费者感觉其温度不准的原因。有了无线温湿度传感器，就可以确切地知道室内准确的温湿度。当室内温度过高或过低时，能够提前启动空调调节温度。比如当您在回家的路上，家中的无线温湿度传感器探测出房间温过高则会启动空调自动降温，待您到家时，家中已经是一个宜人的温度了。

3. 全角度红外转发器

该产品主要用于家中可以被红外遥控器控制的设备，比如空调、电动窗帘、电视和投影机等。通过无线红外转发器，您可以通过手机远程遥控空调，也可以不用起床就关闭窗帘等。它可以将传统的家电立即转换为智能家电。

4. 无线门、窗磁传感器

主要用于防入侵。当您在家时，门、窗磁传感器会自动处于撤防状态，不会触发报警。当您离家后，门、窗磁传感器会自动进入布防状态，一旦有人开门或开窗就会通知您的手机并发出报警信息。与传统的门、窗相比，无线门、窗磁传感器无需布线，装上电池即可工作，安装非常方便，安装过程一般不超过 2min。

这种无线门、窗磁传感器同样可用于自动照明等，比如当主人回家开门时，灯光会自动亮起。

5. 无线烟雾（火警）传感器

用于探测火灾，它可方便地与无线警报设备绑定，自动发出无线触发信号，启动警报器。也可以与授权手机或物业相关人员绑定，一旦出现火警在第一时间发出手机通知。

6. 无线紧急按钮

在遇到紧急情况时按下紧急按钮，求救信息会立即发送到授权手机、物管中心，同时可以启动现场警报系统。

6.4 配置方案实例

1. 房屋户型结构

1）两室一厅 晶控智能家居组建方案（两室一厅）见表 6-1。

表 6-1　晶控智能家居组建方案（两室一厅）

楼层	序号	安装位置	设备名称	单位	数量	备注
整体	1	餐厅	86 型 1 路触摸屏无线遥控开关	个	1	控制顶灯的开关
	2	厨房	86 型 2 路触摸屏无线遥控开关	个	1	控制厨房的顶灯和切菜台灯的开关
			86 遥控插座（2200W）	个	2	控制厨房的电饭煲、电冰箱、消毒柜、排气扇等手动控制家电的开关
			烟雾传感器	个	1	探测烟雾，当气体浓度达到报警时，探测器声光报警，同时向主人或报警中心传输报警信号
	3	主卧	86 型 3 路触摸屏无线遥控开关	个	1	控制卧室壁灯、顶灯的开关和阳台灯的开关
			电动窗帘轨道	m	定制	控制盒可以实现电机的正转、反转、停止、点动正转、点动反转等操作，以此实现电动窗帘的开、关和停止。配合红外转发器可以设置不同的情境模式：早晨起床，音乐响起，窗帘打开，灯光关闭或家庭影院打开，顶灯关闭，壁灯开启等
			电动窗帘电机	个	1	
			通用型电动窗帘控制盒	个	1	
			全角度红外线转发器	个	1	
			无线温度传感器	个	1	可以检测室内温度并在客户端软件中显示，当温度达到一定程度时，空调自动开启或关闭
			86 型 1 路无线调光面板	个	1	晚上，当主人起夜时，床头灯自动调到合适的亮度
			86 遥控插座（2200W）	个	1	控制手动控制家电的开关，比如电风扇、热水器等电源的开关
	4	客厅	全角度红外线转发器	个	1	统一控制红外家电如电视、空调、背景音乐等。亦可设置一定的场景模式
			86 型 3 路触摸屏无线遥控开关	个	1	控制客厅顶灯、壁灯、吊灯的开关
			无线人体红外探头	个	1	防止盗贼入侵，比如当主人不在家时窗户被打开，或有人进入卧室时主机会自动发短信或打电话给主人
			86 遥控插座（2200W）	个	1	控制手动控制家电的开关，比如一些充电器电源的开关
	5	次卧	86 型 2 路触摸屏无线遥控开关	个	1	控制房间顶灯、壁灯的开关
			电动窗帘轨道	m	定制	可以设置不同的场景模式：起床时背景音乐响起、灯光关闭、窗帘拉开 / 睡觉、窗帘关闭、背景音乐关闭和灯光调暗等
			电动窗帘电机	个	1	
			通用型电动窗帘控制盒	个	1	
			86 遥控插座（2200W）	个	1	控制手动控制家电的开关，比如电风扇、热水器等
	6	卫生间	86 型 2 路触摸屏无线遥控开关	个	1	控制卫生间排气扇和暖灯的开关
			86 型 2 路触摸屏无线遥控开关	个	1	控制洗脸台灯光的开关和卫生间顶灯的开关
			86 遥控插座（2200W）	个	1	控制手动控制家电的开关，比如热水器等
	7	整体	KC868 智能家居系统主机	台	1	让所有的这些设备和家里的红外控制器有点的联接，实现场景、定时、网络和手机等多种控制功能

2）三室两厅 晶控智能家居组建方案（三室两厅）见表 6-2。

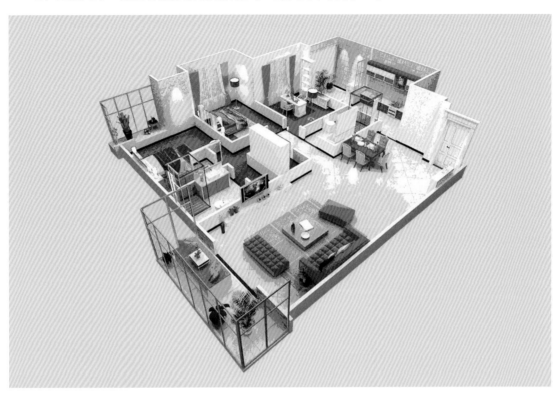

表 6-2 晶控智能家居组建方案（三室两厅）

楼层	序号	安装位置	设备名称	单位	数量	备注
1楼	1	客厅	86 型 2 路触摸屏无线遥控开关（学习型）	个	1	分别控制客厅顶灯、射灯的开关
			Wi-Fi 网络摄像头	个	1	实时监控现场
			全角度红外线转发器	个	1	控制空调、家庭影院、背景音乐等
			电动窗帘轨道	m	定制	控制盒可以实现电机的正转、反转、停止、点动正转和点动反转等操作，以此实现电动窗帘的开、关和停止
			电动窗帘电机	个	1	
			通用型电动窗帘控制盒	个	1	
			86 遥控插座（2200W）	个	1	无线遥控墙壁开关插座（功率 2200W），可用于手动控制的家电的开关、如电风扇等
	2	餐厅	86 型 2 路触摸屏无线遥控开关（学习型）	个	1	控制餐厅的顶灯、壁灯的开关
	3	厨房	86 型 2 路触摸屏无线遥控开关（学习型）	个	1	控制厨房的顶灯和切菜台灯的开关
			86 遥控插座（2200W）	个	3	控制厨房的电饭煲、电冰箱、消毒柜等手动控制家电的开关
			烟雾传感器	个	1	探测烟雾，当气体浓度达到报警时，探测器声光报警，同时向主人或报警中心传输报警信号

（续）

楼层	序号	安装位置	设备名称	单位	数量	备注
1楼	4	客卫	86型3路触摸屏无线遥控开关（学习型）	个	1	控制顶灯、排风扇的开关
			86遥控插座（2200W）	个	1	控制热水器的开关
	5	主卧	86型3路触摸屏无线遥控开关（学习型）	个	1	控制顶灯、卫生间、阳台灯光的开关
			86型2路触摸屏无线遥控开关（学习型）	个	1	控制床头灯的开关
			电动窗帘轨道	m	定制	控制盒可以实现电机的正转、反转、停止、点动正转和点动反转等操作，以此实现电动窗帘的开、关和停止
			电动窗帘电机	个	1	
			通用型电动窗帘控制盒	个	1	
			全角度红外线转发器	个	1	控制主卧电视、空调等的开关
			无线人体红外探头	个	1	防止盗贼入侵，比如当主人不在家时窗户被打开，或有人进入卧室时主机会自动发短信或打电话给主人
			无线温湿度传感器	个	1	可以检测室内温度和湿度并在客户端软件中显示，当温度达到一定程度时，空调自动开启或关闭
			86遥控插座（2200W）	个	3	控制卫生间的热水器或手动控制家电的开关
	6	书房	86型1路触摸屏无线遥控开关（学习型）	个	1	控制书房顶灯的开关
			86遥控插座（2200W）	个	1	控制手动控制家电的开关
	7	衣帽间	86型1路触摸屏无线遥控开关（学习型）	个	1	控制衣帽间灯光的开关
	8	小孩房	86型1路触摸屏无线遥控开关（学习型）	个	1	控制房间顶灯的开关
			电动窗帘轨道	m	定制	控制盒可以实现电机的正转、反转、停止、点动正转和点动反转等操作，以此实现电动窗帘的开、关和停止
			电动窗帘电机	个	1	
			通用型电动窗帘控制盒	个	1	
			全角度红外线转发器	个	1	远程控制房间空调的开关
			86遥控插座（2200W）	个	1	控制手动控制家电的开关
			无线温湿度传感器	个	1	可以检测室内温度和湿度并在客户端软件中显示，当温度达到一定程度时，空调自动开启或关闭
	9	客房	86型2路触摸屏无线遥控开关（学习型）	个	1	控制房间顶灯和床头灯的开关
			电动窗帘轨道	m	定制	控制盒可以实现电机的正转、反转、停止、点动正转和点动反转等操作，以此实现电动窗帘的开、关和停止
			电动窗帘电机	个	1	
			通用型电动窗帘控制盒	个	1	
			全角度红外线转发器	个	1	远程控制房间空调的开关
			无线温湿度传感器	个	1	可以检测室内温度和湿度并在客户端软件中显示，当温度达到一定程度时，空调自动开启或关闭
			86遥控插座（2200W）	个	1	控制手动控制家电的开关

（续）

楼层	序号	安装位置	设备名称	单位	数量	备注
1楼	10	其他	无线紧急按钮	个	1	家里有紧急情况时，触发短信或电话通知主人或报警
			12键遥控器	个	1	控制家里的情景模式，主人在家时，可以通过遥控器打开家庭影院等
			1路无线接收终端	个	1	与家里相应设备连接，实现控制，比如花园浇花等
			220V智能家居无线遥控排插座	个	1	统一控制部分电器的开关
			无线门磁传感器	个	1	防止盗贼入侵，当主人不在家时门被打开，主机会自动发短信或打电话给主人 / 当主人回家开门时，打开家里的灯光
	11	整体	KC868智能家居系统主机	台	1	让所有的这些设备和家里的红外控制器有点的联接，实现场景、定时、网络和手机等多种控制功能

3）晶控智能家居组建方案（两层）见表6-3。

表6-3　晶控智能家居组建方案（两层）

楼层	序号	安装位置	设备名称	单位	数量	备注
1楼	1	客厅1	86型2路触摸屏无线遥控开关（学习型）	个	1	分别控制客厅吊灯的开关
			Wi-Fi网络摄像头	个	1	实时监控现场，观看家里情况
			全角度红外线转发器	个	1	控制客厅里的空调、家庭影院、背景音乐等
			电动窗帘轨道	m	定制	控制盒可以实现电机的正转、反转、停止、点动正转和点动反转等操作，以此实现电动窗帘的开、关和停止
			电动窗帘电机	个	1	
			通用型电动窗帘控制盒	个	1	
			一个调光面板	个	1	控制客厅里壁灯的明暗度

（续）

楼层	序号	安装位置	设备名称	单位	数量	备注
1楼	1	客厅1	86 遥控插座（2200W）	个	1	无线遥控墙壁开关插座（功率 2200W），可用于控制鱼缸电源的开关等
		客厅2	86 型 2 路触摸屏无线遥控开关（学习型）	个	1	控制客厅的顶灯和壁灯的开关
			86 遥控插座（2200W）	个	1	无线遥控墙壁开关插座（功率为 2200W），可用于控制鱼缸电源的开关等
		客卫	86 型 3 路触摸屏无线遥控开关（学习型）	个	1	控制顶灯、排风扇和暖灯的开关
			86 遥控插座（2200W）	个	1	控制热水器的开关
		厨房	86 型 2 路触摸屏无线遥控开关（学习型）	个	1	控制厨房的顶灯和壁灯的开关
			86 遥控插座（2200W）	个	2	控制厨房的排气扇、微波炉等手动控制家电的开关
			烟雾传感器	个	1	探测烟雾，当气体浓度达到报警时，探测器声光报警，同时向主人或报警中心传输报警信号
		卧室1	86 型 1 路触摸屏无线调光开关（学习型）	个	1	控制床头壁灯的明暗
			86 型 2 路触摸屏无线遥控开关（学习型）	个	2	控制房间里吊灯和壁灯的开关
			电动窗帘轨道	m	定制	控制盒可以实现电机的正转、反转、停止、点动正转和点动反转等操作，以此实现电动窗帘的开、关和停止
			电动窗帘电机	个	1	
			通用型电动窗帘控制盒	个	1	
			全角度红外线转发器	个	1	控制主卧电视、空调等红外设备
			无线人体红外探头	个	1	防止盗贼入侵，比如当主人不在家时窗户被打开，或有人进入卧室时主机会自动发短信或打电话给主人
			无线温湿度传感器	个	1	可以检测室内温度和湿度并在客户端软件中显示，当温度达到报警时，让空调自动开启或关闭
			86 遥控插座（2200W）	个	2	控制卫生间的热水器或手动控制家电的开关
		书房	86 型 1 路触摸屏无线遥控开关（学习型）	个	1	控制书房顶灯的开关
			86 遥控插座（2200W）	个	1	控制手动控制家电的开关
		卧室2	86 型 1 路触摸屏无线遥控开关（学习型）	个	1	控制房间顶灯的开关
			电动窗帘轨道	m	定制	控制盒可以实现电机的正转、反转、停止、点动正转和点动反转等操作，以此实现电动窗帘的开、关和停止
			电动窗帘电机	个	1	
			通用型电动窗帘控制盒	个	1	
			全角度红外线转发器	个	1	远程控制房间空调的开关
			86 遥控插座（2200W）	个	1	控制手动控制家电的开关
			无线温湿度传感器	个	1	可以检测室内温度和湿度并在客户端软件中显示，当温度达到一定程度时，空调自动开启或关闭

（续）

楼层	序号	安装位置	设备名称	单位	数量	备注
1楼	1	卧室3	86型2路触摸屏无线遥控开关（学习型）	个	1	控制房间顶灯和床头灯的开关
			电动窗帘轨道	m	定制	控制盒可以实现电机的正转、反转、停止操作，以此实现电动窗帘的开、关和停止
			电动窗帘电机	个	1	
			通用型电动窗帘控制面板	个	1	
			全角度红外线转发器	个	1	远程控制房间空调的开关
			无线温湿度传感器	个	1	可以检测室内温度和湿度，并在客户端软件中显示，当温度达到一定程度时，空调自动开启或关闭
			86遥控插座（2200W）	个	1	控制手动控制家电的开关
2楼	2	卧室1	86型1路触摸屏无线调光开关	个	1	控制床头壁灯，明暗的调节
			86型2路触摸屏无线遥控开关	个	2	控制房间里吊灯和壁灯的开关及床头灯的开关
			电动窗帘轨道	m	定制	控制盒可以实现电机的正转、反转、停止操作，以此实现电动窗帘的开、关和停止
			电动窗帘电机	个	1	
			通用型电动窗帘控制面板	个	1	
			全角度红外线转发器	个	1	控制主卧电视、空调等红外设备
			无线人体红外探头	个	1	防止盗贼入侵，比如当主人不在家时窗户被打开或有人进入卧室时，主机会自动发短信或打电话给主人
			无线温湿度传感器	个	1	可以检测室内温度和湿度并在客户端软件中显示，当温度达到一定程度时，空调自动开启或关闭
			86型2路触摸屏无线遥控开关	个	1	控制卫生间的照明灯和暖灯的开关
			86遥控插座（2200W）	个	2	控制卫生间的热水器或手动控制家电的开关
		卧室2	86型1路触摸屏无线调光开关	个	1	控制床头壁灯的明暗
			86型2路触摸屏无线遥控开关（学习型）	个	2	控制房间里吊灯和壁灯的开关
			电动窗帘轨道	m	定制	控制盒可以实现电机的正转、反转、停止、点动正转和点动反转等操作，以此实现电动窗帘的开、关和停止
			电动窗帘电机	个	1	
			通用型电动窗帘控制盒	个	1	
			全角度红外线转发器	个	1	控制主卧家庭影院、音乐背景等设备
			无线人体红外探头	个	1	防止盗贼入侵，比如当主人不在家时窗户被打开或有人进入卧室时，主机会自动发短信或打电话给主人
			无线温湿度传感器	个	1	可以检测室内温度和湿度并在客户端软件中显示，当温度达到一定程度时，空调自动开启或关闭
			86型2路触摸屏无线遥控开关（学习型）	个	1	控制卫生间的照明灯和暖灯的开关
			86遥控插座（2200W）	个	2	控制卫生间的热水器或手动控制家电的开关

（续）

楼层	序号	安装位置	设备名称	单位	数量	备注
2楼	2	其他	无线紧急按钮	个	1	家里有紧急情况时触发短信或电话通知主人或报警
			12 键遥控器	个	1	控制家里的情景模式，主人在家的时候可以通过遥控器打开家庭影院等场景
			1 路无线接收终端	个	1	与家里相应设备的连接实现控制，比如花园浇花等
			220V 智能家居无线遥控排插座	个	1	统一控制部分电器的开关
			无线门磁传感器	个	1	防止盗贼入侵，当主人不在家门被打开，主机会自动发短信或打电话给主人 / 当主人回家开门时家里的灯光自动打开
		整体	KC868 智能家居系统主机	台	1	让所有的这些设备和家里的红外控制器有点的联接，实现场景、定时、网络和手机等多种控制功能

4）晶控智能家居组建方案（三层别墅）见表 6-4。

表 6-4　晶控智能家居组建方案（三层别墅）

楼层	序号	安装位置	设备名称	单位	数量	备注
地下一层	1	放映厅	86 型 2 路触摸屏无线遥控开关	个	1	控制放映厅灯光的开关
			86 型无线调光面板	个	1	控制放映厅灯光的明暗
			全角度红外线转发器	个	3	伴随音乐的响起，灯光变为熟悉的场景，投影幕徐徐落下，又回到了属于自己的娱乐空间，空调将自动控制，使整个放映过程更加舒适惬意
			电动窗帘卷帘电机	个	1	
			通用型电动窗帘控制盒	个	1	
			无线紧急按钮	个	1	突发事件的触发报警

（续）

楼层	序号	安装位置	设备名称	单位	数量	备注
地下一层	2	健身房	86 型 1 路触摸屏无线遥控开关	个	1	控制健身房灯光的开关
			全角度红外线转发器	个	1	随着灯光的开启，音乐响起，伴随音乐的节奏轻松愉快健身
	3	储藏室	86 型 1 路触摸屏无线遥控开关	个	2	控制储藏室灯光的开关
			无线温湿度传感器	个	1	可以检测储藏室内温度和湿度并在客户端软件中显示，当温 / 湿度达到一定程度时，空调自动开启除湿或关闭
	4	棋牌室	86 型 1 路触摸屏无线遥控开关	个	1	控制棋牌室灯光的开关
	5	吧台	86 型 2 路触摸屏无线遥控开关	个	1	控制吧台灯光的开关
			86 型无线调光面板	个	1	控制吧台灯光的明暗
	6	楼梯走廊	86 型 2 路触摸屏无线遥控开关	个	1	控制楼梯走廊灯光的开关
			无线人体红外探头	个	1	在安防状态下有人经过时，人体红外探测器将触发报警
一层	7	餐厅	12 键遥控器	个	1	控制餐厅灯光的开关，通过两个开关的不同组合，可以得到多种灯光场景"备餐""用餐""烛光""调亮""调暗""全关"，完美的灯光氛围瞬间变化，以满足您在用餐时的不同需要
			86 型 2 路触摸屏无线遥控开关	个	1	
			86 型无线调光面板	个	1	
	8	厨房	86 型 2 路触摸屏无线遥控开关	个	1	控制厨房的顶灯和切菜台灯
			86 遥控插座（2200W）	个	3	控制厨房的电饭煲、电冰箱、消毒柜和排气扇等手动控制家电的开关
			烟雾传感器	个	1	探测烟雾，当气体浓度达到报警时，探测器发出声光报警，同时向主人或报警中心传输报警信号
			电动窗帘卷帘电机	个	1	设置煮饭场景：窗帘和排气扇的联动，窗帘打开，排气扇打开
			通用型电动窗帘控制盒	m	1	
	9	公用卫生间	86 型 2 路触摸屏无线遥控开关	个	1	控制卫生间灯光（暖灯，照明灯）的开关
			86 遥控插座（2200W）	个	1	控制卫生间浴室热水器的开关
	10	老人房	86 型 3 路触摸屏无线遥控开关	个	1	控制卧室壁灯、顶灯和床头灯的开关
			86 型 2 路触摸屏无线遥控开关	个	1	控制卫生间灯光（暖灯，照明灯）的开关
			电动窗帘轨道	m	定制	统一控制红外家电，如电视、空调和背景音乐等。亦可设置一定的场景模式，比如早上起床时音乐响起，窗帘打开，灯光关闭等
			电动窗帘电机	个	1	
			通用型电动窗帘控制盒	个	1	
			全角度红外线转发器	个	1	
			无线人体红外探头	个	1	防止盗贼入侵，比如当主人不在家时窗户被打开或有人进入卧室时，主机会自动发短信或打电话给主人
			无线温度传感器	个	1	可以检测室内温度，并在客户端软件中显示，当温度达到一定程度的时候，空调自动开启或关闭

（续）

楼层	序号	安装位置	设备名称	单位	数量	备注
一层	10	老人房	无线紧急按钮	个	1	老人有紧急情况发生时，可以通过触发紧急按钮通知家人
			86 型无线调光面板	个	1	晚上，当主人起夜时，卫生间的主灯光自动调整为 30% 的亮度，避免刺眼
			86 遥控插座（2200W）	个	3	控制手动控制家电的开关，比如电风扇、热水器等
	11	客卧	86 型 3 路触摸屏无线遥控开关	个	1	控制卧室壁灯、顶灯和床头灯的开关
			86 型 2 路触摸屏无线遥控开关	个	1	控制卫生间灯光（暖灯，照明灯）的开关
			电动窗帘轨道	m	定制	控制盒可以实现电机的正转、反转、停止、点动正转和点动反转等操作，以此实现电动窗帘的开、关和停止。配合红外转发器可以设置不同的情境模式：早晨起床、音乐响起、窗帘打开、灯光关闭或家庭影院打开、顶灯关闭和壁灯开启等
			电动窗帘电机	个	1	
			通用型电动窗帘控制盒	个	1	
			全角度红外线转发器	个	1	
			无线人体红外探头	个	1	防止盗贼入侵，比如当主人不在家时，窗户被打开或有人进入卧室时，主机会自动发短信或打电话给主人
			无线温度传感器	个	1	可以检测室内温度并在客户端软件中显示，当温度达到一定程度时候让空调自动开启或关闭
			86 型无线调光面板	个	1	晚上，当主人起夜时，卫生间的主灯光自动调整为 30% 的亮度，避免刺眼
			86 遥控插座（2200W）	个	3	控制手动控制家电的开关，比如电风扇、热水器等
	12	车库	86 型 1 路触摸屏无线遥控开关	个	1	当车量驶近别墅时，车库门自动开启，同时灯光会自动打开，响起轻柔的音乐
			通用型电动窗帘控制盒	个	1	
			全角度红外线转发器	个	1	
	13	门厅	86 型 2 路触摸屏无线遥控开关	个	1	自动或手动开关打门，门磁传感器实时监控大门状态，当设防模式为夜间、离开、度假模式时，通知大门的开关状态。亦可设置为门打开后灯光亮起来，背景音乐响起来，电动窗帘自动打开，门关闭后家里所有灯光关闭，背景音乐停止，窗帘关闭
			无线门磁传感器	个	1	
			86 型 3 路触摸屏无线遥控开关	个	1	
			电动窗帘轨道	m	定制	
			电动窗帘电机	个	2	
			通用型电动窗帘控制盒	个	2	
	14	楼梯走廊	86 型 2 路触摸屏无线遥控开关	个	1	控制楼梯走廊灯光的开关
			无线人体红外探头	个	1	在安防状态下有人经过时，人体红外探测器将触发报警
	15	客厅	全角度红外线转发器	个	1	统一控制红外电视、空调和背景音乐等。亦可设置一定的场景模式
			86 型 3 路触摸屏无线遥控开关	个	1	控制卧室壁灯、顶灯和床头灯的开关
			86 遥控插座（2200W）	个	1	控制手动控制家电的开关，比如一些充电器

（续）

楼层	序号	安装位置	设备名称	单位	数量	备注
一层	15	客厅	无线温湿度传感器	个	1	温度值可以在门厅触摸屏上显示，在黄霉天，湿度较大时，超过预定湿度值，系统会发出报警提示，同时自动启动空调的除湿功能，直到恢复正常值
	16	内院	86型2路触摸屏无线遥控开关	个	1	控制内院入口和车道灯光的开关
			无线人体红外探头	个	1	当主人离家或夜晚入睡时，设置为设防状态，内院有人走动时，自动报警同时开启灯光
			Wi-Fi网络摄像头	个	1	通过不同的控制终端，实时查看内院的场景
二层	17	小孩房	86型3路触摸屏无线遥控开关	个	1	小孩临睡时，灯光调暗，催眠效果的背景音乐响起来，窗帘自动关闭，待小孩子睡着后音乐停止，灯光关闭。儿童房中，除了具有客卧中的智能功能外，当家长在主卧中将别墅设为夜间安防状态或灯光全关时，也将关闭儿童室内的灯光，保证小孩充足的睡眠。同时家长也可以通过儿童房中的摄像头监控儿童室内的状况，对于年纪很小的儿童起到保护作用
			86型2路触摸屏无线遥控开关	个	1	
			86型1路触摸屏无线遥控开关	个	1	
			电动窗帘轨道	m	定制	
			电动窗帘电机	个	1	
			通用型电动窗帘控制盒	个	1	
			全角度红外线转发器	个	1	
			Wi-Fi网络摄像头	个	1	
			86型无线调光面板	个	1	
			86遥控插座（2200W）	个	2	
			86型无线调光面板	个	1	
			无线温度传感器	个	1	
	18	次卧	86型3路触摸屏无线遥控开关	个	9	控制卧室壁灯、顶灯和床头灯的开关
			86型2路触摸屏无线遥控开关	个	3	控制卫生间灯光的开关
			86型1路触摸屏无线遥控开关	个	3	控制阳台灯光的开关
			电动窗帘轨道	m	定制	可以设置不同的场景模式：起床时，背景音乐响起、灯光关闭、窗帘拉开；睡觉时，窗帘关闭、背景音乐关闭、灯光调暗等
			电动窗帘电机	个	3	
			通用型电动窗帘控制盒	个	3	
			全角度红外线转发器	个	3	
			86型无线调光面板	个	3	
			无线温度传感器	个	3	可以检测室内温度，并在客户端软件中显示，当温度达到一定程度时，空调自动开启或关闭
			86型无线调光面板	个	1	晚上，当主人起夜时，卫生间的主灯光自动调整为30%的亮度，避免刺眼
			86遥控插座（2200W）	个	6	控制手动控制家电的开关，比如电风扇、热水器等
	19	楼梯走廊	86型2路触摸屏无线遥控开关	个	1	控制楼梯走廊灯光的开关
			无线人体红外探头	个	1	在安防状态下有人经过时，人体红外探测器将触发报警
三层	20	书房	86型2路触摸屏无线遥控开关	个	1	控制卫生间灯光的开关
			86型无线调光面板	个	1	根据不同的场景，调整灯光的明暗度

（续）

楼层	序号	安装位置	设备名称	单位	数量	备注
三层	20	书房	86 遥控插座（2200W）	个	1	控制手动控制家电的开关，比如一些充电器
			电动窗帘轨道	m	定制	控制盒可以实现电机的正转、反转、停止、点动正转和点动反转等操作，以此实现电动窗帘的开、关和停止
			电动窗帘电机	个	1	
			通用型电动窗帘控制盒	个	1	
	21	更衣室	86 型 1 路触摸屏无线遥控开关	个	2	控制更衣室灯光的开关
	22	卫生间	86 型 2 路触摸屏无线遥控开关	个	1	控制卫生间灯光的开关
			86 型 1 路触摸屏无线遥控开关	个	1	控制洗脸台灯光的开关
			86 型无线调光面板	个	1	晚上，当主人起夜时，卫生间的主灯光自动调整为 30% 的亮度，避免刺眼
			86 遥控插座（2200W）	个	1	控制手动控制家电的开关，比如热水器等
	23	多功能浴室	86 型 2 路触摸屏无线遥控开关	个	1	控制浴室灯光的开关
			86 遥控插座（2200W）	个	1	控制手动控制家电的开关
			全角度红外线转发器	个	1	设置不同的情境模式，背景音乐的调换等
			86 型无线调光面板	个	1	控制浴室灯光的明暗
	24	主卧	86 型 3 路触摸屏无线遥控开关	个	1	控制卧室壁灯、顶灯和床头灯的开关
			86 型 2 路触摸屏无线遥控开关	个	2	控制卫生间灯光的开关
			86 型 1 路触摸屏无线遥控开关	个	1	控制洗脸台灯光的开关
			电动窗帘轨道	m	定制	控制盒可以实现电机的正转、反转、停止、点动正转和点动反转等操作，以此实现电动窗帘的开、关和停止
			电动窗帘电机	个	1	
			通用型电动窗帘控制盒	个	2	
			全角度红外线转发器	个	1	统一控制红外家电电视、空调、背景音乐等。亦可设置一定的场景模式
			无线温度传感器	个	1	可以检测室内温度，并在客户端软件中显示，当温度达到一定程度时，空调自动开启或关闭
	25	储藏室	86 型 1 路触摸屏无线遥控开关	个	1	控制储藏室灯光的开关
			无线温湿度传感器	个	1	可以检测室内温度和湿度并在客户端软件中显示，当温度达到一定程度时，空调自动开启除湿或关闭
	26	其他	1 路无线接收终端	个	5	与家里相应设备连接，实现控制，比如花园浇花，自动喂鱼等
			220V 智能家居无线遥控排插座	个	4	统一控制部分手动控制电器的开关
整体	27	整体	KC868 智能家居系统主机	台	1	让所有的这些设备和家里的红外控制器有点的联接，实现场景、定时、网络和手机等多种控制功能

5）晶控智能家居组建方案（四层别墅）见表6-5。

表 6-5　晶控智能家居组建方案（四层别墅）

楼层	序号	安装位置	设备名称	单位	数量	备注
一层	1	保姆房	86 型 2 路触摸屏无线遥控开关	个	2	控制房间和卫生间的灯光的开关及排气扇等，具体看实际数量
			全角度红外线转发器	个	1	窗帘的电机若是大电机不用更改电机，窗帘控制盒的参数符合主机也可以不更换，如果房间里只有一台电视机可以不用红外转发器控制，中央空调可装转发器进行控制
			电动窗帘卷帘电机	个	1	
			通用型电动窗帘控制盒	个	1	
			无线紧急按钮	个	1	突发事件的触发报警
	2	车库	86 型 1 路触摸屏无线遥控开关	个	2	控制车库灯光的开关数量，应根据实际的应用数量及按键的数量
			全角度红外线转发器	个	1	对车库里的红外设备进行控制
			Wi-Fi 无线网络摄像头	个	1	对车库进行远程监控
			无线门磁传感器	个	1	当车库没人时，若被打开就会发出报警
	3	餐厅	86 型 2 路触摸屏无线遥控开关	个	1	控制餐厅灯光的开关数量，应根据实际需要配置
			烟雾传感器	个	1	探测烟雾，当气体浓度达到一定标准时，探测器发出声光报警，同时向主人或报警中心传输报警信号
			CO 的报警器			只要编码和主机吻合是可以用的
			86 遥控插座（2200W）	个	3	控制厨房的电饭煲、电冰箱、消毒柜和排气扇等手动控制家电的开关

（续）

楼层	序号	安装位置	设备名称	单位	数量	备注
一层	4	阳台	全角度红外线转发器	个	1	对阳台外围的红外栅栏等红外装备进行控制
			86 型 1 路触摸屏无线遥控开关	个	1	控制阳台灯光的开关
	5	内院	86 型 2 路触摸屏无线遥控开关	个	1	控制内院入口和车道灯光的开关
			无线人体红外探头	个	1	当主人离家或夜晚入睡时，设置为设防状态，当内院有人走动时，自动报警同时开启灯光
			Wi-Fi 网络摄像头	个	1	通过不同的控制终端，实时查看内院的场景
	6	楼梯走廊	86 型 2 路触摸屏无线遥控开关	个	1	控制楼梯、走廊灯光的开关
二层	7	会客厅	86 遥控插座（2200W）	个	1	控制手动家电的开关，如电热水壶等
			86 型 2 路触摸屏无线遥控开关	个	1	控制会客厅灯光的开关，具体数量根据实际需求而配置
			全角度红外线转发器	个	1	控制会客厅家庭影院的红外装备
			电动窗帘轨道	m	定制	控制窗帘的电机若是大功率，可不更改电机，窗帘控制盒的参数符合主机的参数可以不更换
			电动窗帘电机	个	2	
			通用型电动窗帘控制盒	个	2	
	8	客厅	Wi-Fi 无线网络摄像头	个	2	前后设置两个摄像监控，应根据实际需求而配置
			全角度红外线转发器	个	2	红外转发器可以控制客厅内的空调、电视机、机顶盒、功放等红外遥控设备
			86 型 2 路触摸屏无线遥控开关	个	2	—
	9	书房	86 型 2 路触摸屏无线遥控开关	个	1	控制卫生间灯光的开关
			86 型无线调光面板	个	1	根据不同的场景调整灯光的明暗度
			86 遥控插座（2200W）	个	1	控制手动控制家电的开关，如充电器
			电动窗帘轨道	m	定制	控制盒可以实现电机的正转、反转、停止、点动正转和点动反转等操作以此实现电动窗帘的开、关和停止
			电动窗帘电机	个	1	
			通用型电动窗帘控制盒	个	1	
	10	门厅	86 型 2 路触摸屏无线遥控开关	个	1	当主人离开家时可以设防，若有外人进去时将会打电话或者发短信告知主人
			无线门磁传感器	个	1	
	11	楼梯走廊	86 型 2 路触摸屏无线遥控开关	个	1	控制楼梯走廊灯光的开关
			无线人体红外探头	个	1	在安防状态下，有人经过时，人体红外探测器将触发报警
三层	12	主卧	86 型 3 路触摸屏无线遥控开关	个	1	控制卧室壁灯、顶灯和床头灯的开关
			86 型 2 路触摸屏无线遥控开关	个	1	控制卫生间灯光（暖灯、照明灯）的开关
			电动窗帘轨道	m	定制	统一控制红外家电电视、空调和背景音乐等。亦可设置一定的场景模式，比如早上起床时音乐响起，窗帘打开，灯光关闭等。电机是大电机的也可以不更换
			电动窗帘电机	个	1	
			通用型电动窗帘控制盒	个	1	
			全角度红外线转发器	个	1	
			无线温度传感器	个	1	可以检测室内温度，并在客户端软件中显示，当温度达到一定程度时，空调自动开启或关闭

（续）

楼层	序号	安装位置	设备名称	单位	数量	备注
三层	12	主卧	无线紧急按钮	个	1	有紧急情况发生时，可以通过触发紧急按钮通知家人
			86 型无线调光面板	个	1	晚上，当主人起夜时，卫生间的主灯光自动调整为30%的亮度，避免刺眼
	13	小卧	86 型 2 路触摸屏无线遥控开关	个	2	控制卧室壁灯、顶灯和床头灯的开关及卫生间灯和排气扇的开关
			电动窗帘轨道	m	定制	控制盒可以实现电机的正转、反转、停止、点动正转和点动反转等操作，以此实现电动窗帘的开、关和停止。配合红外转发器可以设置不同的情境模式：早晨起床、音乐响起、窗帘打开、灯光关闭或家庭影院打开、顶灯关闭和壁灯开启等
			电动窗帘电机	个	1	
			通用型电动窗帘控制盒	个	1	
			全角度红外线转发器	个	1	
			86 型无线调光面板	个	1	晚上，当主人起夜时，卫生间的主灯光自动调整为30%的亮度，避免刺眼
			86 遥控插座（2200W）	个	3	控制手动控制家电的开关，如电风扇、热水器等
	14	更衣房	86 型 2 路触摸屏无线遥控开关	个	1	控制更衣房里灯光的开关
	15	会客厅	全角度红外线转发器	个	1	统一控制红外中央空调、背景音乐等。亦可设置一定的场景模式
			86 型 3 路触摸屏无线遥控开关	个	1	控制客厅里灯光的开关
			86 遥控插座（2200W）	个	1	控制手动控制家电的开关，如一些充电器
			无线温湿度传感器	个	1	温度值可以在门厅触摸屏上显示，在黄霉天，湿度较大，超过预定湿度值，系统会发出报警提示，同时自动启动空调的除湿功能，直到恢复正常值
	16	多功能浴室	86 型 2 路触摸屏无线遥控开关	个	1	控制浴室灯光的开关
			86 遥控插座（2200W）	个	1	控制手动家电的开关
			全角度红外线转发器	个	1	设置不同的情境模式，背景音乐的调换等
			86 型无线调光面板	个	1	控制浴室灯光的明暗
	18	楼梯走廊	86 型 2 路触摸屏无线遥控开关	个	1	控制楼梯走廊灯光的开关
			无线人体红外探头	个	1	在安防状态下有人经过时，人体红外探测器将触发报警
四层	19	2 个储藏室	86 型 1 路触摸屏无线遥控开关	个	2	控制储藏室灯光的开关
			无线温湿度传感器	个	2	可以检测室内温度和湿度并在客户端软件中显示，当温度达到一定程度时，空调自动开启除湿或关闭
	20	4 楼阳台	1 路无线接收终端	个	5	与家里相应设备的连接实现控制，如花园浇花、自动喂鱼等

（续）

楼层	序号	安装位置	设备名称	单位	数量	备注
四层	20	4楼阳台	全角度红外线转发器	个	1	控制4楼的红外栅栏及相关的红外设备
			Wi-Fi无线网络摄像头	个	1	对顶层的情况进行监控
	21	楼梯走廊	86型2路触摸屏无线遥控开关	个	1	控制楼梯走廊灯光的开关
			无线人体红外探头	个	1	在安防状态下，有人经过时，人体红外探测器将触发报警
整体	22	整体	KC868智能家居系统主机	台	1	让所有的这些设备和家里的红外控制器有点的联接，实现场景、定时、网络和手机等多种控制功能

智能家居的常见问题

1. 智能家居到底是怎么回事？能实现什么功能？我脑子里一片空白。

答：智能家居的基本功能可以让您通过手机、平板计算机、家用计算机进行家电设备的本地或远程控制，更重要的是它能智能化地实现自动控制家中的一切电器设备，而无需人为地进行干涉。如：一键关闭家中所有的电器设备或打开若干个灯光、电视和空调等操作；每天早晨定时拉开窗帘，早餐时播放动听唯美的背景音乐；主人外出时，实现对家里一切事物的监控，让主人在外地一样可以看到家中的场景。当然，还有更多的应用实例，举不胜举，用户完全可以通过计算机软件进行配置，完成各项个性化的设置和操作。

2. 智能主机通过网络连接是否家里要留很多网线接口？

答：KC868 主机通过有线网络和路由器相连，但主机和各个终端设备全部是无线连接的，所以您只需要给 KC868 智能家居控制主机留好一个网络接口即可，可以直接和路由器进行相连。

3. 我在家时可以控制电器设备，我不在家时怎么控制呢？

答：无论您在地球任何地方，只要您的手机能够接入网络，便可以实现中家中电器的控制和家中环境的监控，网络无国界，地球更像一个村子一样小。

4. 定时控制功能是在安装时就设置好的呢？还是我自己设置改呢？复杂吗？我不太懂计算机。

答：定时控制功能完全由用户自行设定，设定的界面非常直观及人性化，只要进行打勾和输入时间即可完成配置，定时功能设置一次，便会自动地周期性执行，就像设置手机的闹钟一样简单。

5. 我不在家时，报警怎样通过安防系统告诉我呢？

答：当用户不在家时，若家中出现异常情况，KC868 主机会自动通过电话或发短信的方式通知主人。

6. 是否可以设定屋内温度自动控制空调呢？

答：完全可以，在购买 KC868 智能主机时，可以一起选配我公司的无线温湿度传感器，它可以实时地探测房间内的温度和湿度值。当室内温度超过用户设定的正常范围值时，空调将自动处于制冷或制热工作模式。

7. 我回家之前，是否可以控制电饭锅开启吗？每天能定时控制热水器烧水吗？

答：可以，用户在手机上设置好定时功能，当时间到了时，控制电饭煲的无线插座即可实现定时煮饭。同样可以每天控制定时烧开水。设置定时完全可以由用户自行设定，当时间到了，设置的模式将自动开启，一切就这样简单，我公司的 KC868 主机充分体现了简单和灵活的功能。

8. 除了一次性购买设备，在平时操作过程中，还会产生费用吗？

答：智能家居设备，除了采购时的投资外，平时的操作几乎不产生任何费用。如：当您想让KC868主机打电话或发短信给主人时，才扣取相应的通信费，收费标准和手机用户一样，如果您不使用电话或短信的功能，就根本不会产生任何的费用，是否产生费用，由您做主。

9. 如果配置一套比较齐全的设备，费用大概是多少？

答：所花的费用是根据您的房屋结构和选配的附件数量有关，如果只是最简单地控制灯光或电视、空调和音响等设备，基本就是一个KC868主机和红外线转发器及灯光控制面板的费用，这个价格比买一部手机的费用还便宜，不可思议吧！当然，如果您要的配置比较豪华，配件要做的比较齐全，那么费用是成正比的，就像吃饭点菜一样，一道菜一个价，总价由您自己来决定。

10. 如果我购买了贵公司的主机，你们给安装吗？

答：由于我们的销售面向国内所有地区，同时也销往海外一些国家，销售点众多，所以安装问题由用户自行解决，安装并没有您想象的那么复杂，只要稍微有点电工知识的人，按照说明书都可以安装成功的。

11. 如果您们不负责安装的话，我自己不会装怎么办？

答：我公司有说明书和视频演示，您可以边看说明书和视频演示边进行安装，如果有任何安装或使用上的问题，可以随时致电晶控电子有限公司，我们将全力为您提供技术支持和售后服务；如果是软件操作和配置上的问题，我们可以提供远程协助，让您通过最高效的方式完成安装过程。

12. 我家里有老人，经常是老人一个人在家，有时候有点不放心，有什么功能和办法可以帮我看到家里的情景？

答：可以使用网络摄像头进行查看家中的事物和老人情况。同时，摄像头还具备监听功能，可以在办公室随时监听家中情况。还可以给老人配上一个一键紧急按钮，万一遇到突发性事件，只需要按动手中遥控器的按键，KC868主机便会自动打电话或发短信告知您或家人。

13. 我们家有3、4台空调，它怎么知道我要控制哪一个，是不是一按键就全部都开了？

答：不会的，KC868主机系统是数字式的，每个设备都有一个唯一的地址码进行识别与控制，就算家中安装了10台空调，也不会出现混乱的情况。

14. 电动窗帘除了用电去控制，如果平时被人手动去拉，会不会被弄坏？

答：不会的，我们的电动窗帘不仅可以通过电的方式自动控制，也可以通过手拉的方式进行操作，不会对电机有任何影响。

15. 我们家已经装好了窗帘，是螺麻杆的，如果现在要装电动窗帘，是不是要重新换轨道？复杂吗？

答：是的，可以在原来轨道的下方安装电动窗帘专用轨道，或者将原来的窗帘杆进行拆除即可，电动窗帘的轨道安装也很简单，通过顶部的螺钉固定即可，电机直接垂直扣在轨道上，隐藏在角落里。

16. 代替遥控器的功能是不是之前也要设置好了才能用？是否方便？老人方便操作吗？

答：所有的按键需要进行一次学习和配置，配置完成后，无需再进行任何配置操作了。学习的过程只是用真实的遥控器对准红外线转发器按一下按键而已，也是非常速成的。老人只要按手机屏幕上相应的键操作就可以了，若老人不习惯用手机，也可以使用手持式的无线遥控器，实现一键开关电器设备，这一切都只需要通过计算机端的软件进行简易的配置和设定即可。

17. 产品成熟吗？稳定性如何？故障率高吗？您们售后如何？

答：我们的产品硬件开发时间为一年，软件开发时间为一年，测试完善时间为一年，三年的时间铸造了产品的稳定性与质量的可靠性。对于我们的产品全部保修一年，终身提供技术支持。到目前为止，故障率非常少见，不会使用和操作的情况时常出现，但经过我们的培训之后，都能顺利地完成设置和操作的过程。

18. 现在墙上的开关面板被换成无线智能开关面板了，还能当普通的开关使用吗？

答：完全可以，而且更换后的无线开关变成了触摸型的，晚上带夜光，更有高档次的感觉，不仅可以通过手机或计算机控制，平时习惯用手动操作的模式也同样适用，老少皆宜。

19. 能否有这样的设置，即感应到有人走过来时，电灯会自动打开，方便晚上起夜。

答：配上人体红外探头，再进行相应的设定即可实现您想要的功能。

20. 产品的耗电量大吗？会不会耗费很多电费？

答：KC868 主机所耗的电能非常低，还不到 0.5W，比手机充电器的电还要省电，试想一下，它又会耗多少电费呢。

21. 现在买这种产品的人多吗？

答：智能家居对于整个行业来讲，刚刚起步，购买者以年轻人居多，他们容易接受新鲜的事物。目前正处于慢热化的发展阶段，接受和购买的人也变得越来越多。很多小区，特别是高档商品住宅楼盘更是将智能家居作为一种增值服务或是标准配置。您也可以从百度、Google 全面了解我们的产品，以及我们品牌的信誉度。

22. 它可以自动开启我们家房间的门吗？

答：可以选配指纹锁进行指纹验证开门。门是安全性很高的设备，所以一般都不会自动开门。

23. 我们家房子有点大，离得远时能控制吗？对距离有要求吗？

答：不知道您们家房子有多大？KC868 主机适用于别墅的，所以几百平方米房子的控制完全没有问题。主机和各终端设备如果在空旷地，理论值可达 4000 米。实际安装于室内时，距离会有所衰减，但穿 3、4 层楼完全没问题。

24. 一套房子需要装几个红外线转发器？

答：一套房子要装几个红外线转发器，取决于您的房间数量。在每个房间内需要安装一个红外线转发器。当然，如果某个房间内没有红外线家电设备需要控制的话，那就不用装转发器了。

25. 可以用语音实现控制吗？

答：工控版本的主机可以通过串口外接语音模块进行语音控制。

26. KC868 的主机可以装在 3 层的别墅里用吗？没有中继器，信号够吗？

答：完全可以，我们的主机信号很强，一般情况下，穿越 3、4 层楼房完全没有问题。

27. 信号覆盖很强吗？

答：足够强，都是经过实测和长期的验证得出的结论。

28. 您们的中继器是用什么线和主机连接的？

答：中继器和主机之间是无线的，不需要任何连接线与主机相连，只要将中继器插上外接电源即可工作。中继器可以放在信号盲区或临界点。

29. 装修的时候埋什么线啊？不用埋线吗？

答：不用预埋特别的线路，按传统装修风格即可使用。如果需要安装电动窗帘，只要在窗帘控制面板处留相线和零线即可。如果需要安装红外线转发器，只需要预留一个 220V 电源插座即可。KC868 主机通过有线方式和路由器进行连接，其他的控制方式全部使用无线方式，同时有丰富的配套资源可供使用，装修布线方式和传统的方式完全相同，无线遥控开关、插座均有 86 型面板提供，用户可以直接代替墙面上的开关面板，如一路的开关，就是一条"相线"进，一条"相线"出，和传统的开关面板接法完全相同，这些内容电工技术人员一看便知。

30. 86 型 315m 单路学习型触摸屏无线遥控开关是否装上就可以自己连主机？还需要设定才能使用吗？

答：安装面板后，需要做主机与面板之间的学习和配对操作。

31. 如果购买您们的产品，可以给出方案吗？

答：可以的，可以将您的房屋户型图或装修设计图发给我们，我们给您做具体的方案。

32. 可以控制中央空调吗？

答：只要您的中央空调是带了红外线遥控器的，都可以通过 KC868 主机进行控制。

33.KC868 主机会自己打电话吗？打给谁？会说什么？

答：主机可以由用户进行设定情景模式，可以让主机自动打电话或发短信给主人。打给谁？要看预先设置好的电话号码。通话时，不会出声，用户可以接到来自主机手机号码的来电。

34. KC868 智能家居控制主机有没有给苹果 iPad 开发客户端软件？

答：我们提供了苹果 iPhone 和 iPad 软件，而且免费使用。

35. 您们的产品可以在香港或国外使用吗？

答：KC868 主机可以在全球任何一个地区使用，我们在设计时，已经将主机设计成全球通用的形式。目前，KC868 主机已经成功地在马来西亚、新加坡、中国香港、中国台湾、中国澳门等众多国家和地区使用。

36. 无线传感器是不是只要无线频率一致的人体红外线传感器，无线门磁都能和 KC868 通信吗？

答：只要频率一致，编码方式一样的传感器均可以和 KC868 智能主机进行配合使用。

37. 怎样才能知道无线传感器是 2262 编码？

答：用户可以看产品外壳上的标签，也可以打开传感器的外壳，看内部芯片型号。传感器在使用前也需要打开外壳进行内部跳线的设置。

38.iPad 客户端软件是免费的吗？软件名字是什么？

答：我们提供的客户端软件全部免费使用，用户可以在苹果商店中搜索"智能家居控制系统"。

39. 下雨天可以自动关闭窗户吗？

答：可以，安装好开窗器以及相应的雨水传感器即可。

40. 无线距离有多远？

答：空旷地可达 4000 米。

41. 这个智能家居系统是连接什么上操作的？

答：手机、平板计算机、PC 计算机软件通过 IP 地址或域名的方式和主机相连的。

42. 如何控制家里的电器？如电饭煲，是不是还要给电饭煲上安装什么东西？

答：KC868 主要通过无线和红外两种方式对家电进行控制。无线指的是开关通和断的控制，红外指的是模拟遥控器实现红外线的控制。如果要控制电饭煲，只需要安装一个无线插座即可，将电饭煲的插头再插到无线插座上就行。

43. 贵公司的智能家居主机是什么无线协议的？

答：我们主机使用的是 2262 或 1527 编码。

44. 能增加无线编码吗？

答：我们的主机定期做更新，可以升级功能或增加无线编码。如果增加了编码，我们只要将主机进行刷机软件更新即可。

45. 家里一定要有宽带网才可以安装智能家居系统吗？

答：如果家里有装宽带网，因为主机可以接入因特网，您就可以在任何地方控制家中的电器设备。如果家里没有宽带网，那只能在家中控制电器设备。

46. 家里的计算机是否一直开着才可以正常使用？

答：KC868 主机只需要通过网线连接路由器，而无需将计算机一直开着。主机本身就是一台服务器。

47. 我可以通过哪些方式控制家里的电器设备？

答：通过红外线或无线方式控制。

48. 两室一厅或三室一厅的房子配一套智能家居大概需要多少钱？

答：要看具体配置情况，便宜的配置 2、3 千元就可以实现，复杂的话，在 4、5 元千左右。

49. 家里的家电要怎么安装呢？

答：现有的家电不用做任何安装改变。

50. 红外线转发器要装在哪里？距离有多远？

答：可以装在任何地方，原则上只要红外线转发器和家电设备之间无遮挡即可，就像手拿遥控器需要对准电视按按键一样。转发器到家电设备的距离最远可以达 10m 左右，转发器和主机之间的距离如果在空旷地可以达 4000m。

51. 如果已经装修好了的房子，还能安装吗？布线麻烦吗？

答：可以安装的，我们的设备全部是无线通信的，无需布线。

52. 对于已经装修好了的房屋，或已经装好了开关面板和插座的房屋，如何处理？

答：直接替换原先的面板即可，原面板和插座可以保存着。

53. 一台智能家居主机可以由多个人控制吗？

答：可以的，没有数量上的限制。

54. 如果通过手机或平板计算机远程控制，距离有多远？

答：只要您的手机或平板计算机可以上网，就可以在任何地方进行控制，距离没有限制。

55. 控制 4、5 个家用电器，需要多少钱？

答：要看具体控制什么电器的，如在一个房间内，需要控制电视机、功放、机顶盒、蓝光灯和空调，那么只要安装一个红外线转发器即可实现控制，一个房间内，不管有多少家用电器都可以进行控制。

56. 智能家居主机可以 24 小时连续工作吗？需要休息吗？

答：可以的，KC868 具有长时间不休息的工作能力，而且我们设计了独特的定时重启休息功能，确保主机睡眠充足，精神饱满。

57. 主机可以配哪些终端附件使用？

答：KC868 可兼容的配件非常多，按常见的种类分别有摄像头、开关面板、插座面板、调光面板、电动窗帘、开窗器、无线温湿度结点、安防传感器、燃气阀、电磁阀、遥控器和信号中继器等。

58. 主机的配件在市场上好配吗？

答：我们的主机采用的是市场上最为普遍的无线编码协议——2262、1527 编码方式，配件应有尽有。

59. 如果用户自行选择主机配件应怎么选？

答：自行选配件应遵循配件的频率和编码一致的原则即可。

60. KC868 智能家居主机可否一键开启多个设备？

答：KC868 最多支持一键开启 / 关闭 10 个设备，如：要一键开投影幕布、功放（功放选择电影模式）、HTPC 主机、开启低音炮；我要唱歌，要开投影机、功放（功放选择唱歌模式），关掉 HTPC 主机，开启点歌机，关闭低音炮；然后我又想看电视了，我要收起投影机幕布，关闭投影机，开启电视机和机顶盒。

61. 我看到有些房屋过道墙上有个液晶触摸终端，这个终端可以实现场景、灯光、背景音乐和安防等控制。不知道贵公司的系统可否也装个类似的液晶触摸屏？

答：可以直接使用安卓和苹果的平板计算机，预装我们公司的 KC868 控制软件即可，iPad 立刻升级成触摸终端。

62. 我想将您的智能家居系统用在农业工控方面，是否可行？

答：可以的，我们的产品同样也可以应用于农业灌溉、养殖系统及工业控制系统。

63. 主机无线发射辐射大吗？对人体有影响吗？

答：主机的辐射基本可以忽略不计，主机平时都不会发射无线信号，只有在控制的时候，发射短暂的零点几秒信号，而且发射时的功率比手机要小得多。

64. 主机背后有 3 个天线孔，怎么安装天线？

答：天线 1：315M 频率天线；天线 2：433M 频率天线；天线 3：GSM 手机卡天线。

65. SIM 卡座起什么作用？如果不插卡可以使用吗？SIM 卡需要产生费用吗？

答：插了 SIM 卡后，主机可以实现发短信、打电话对家电进行控制。同时，也可以起到安防的作用，主机可以自动发短信或打电话给主人进行报警提示。

66. 家用版的主机和工控版本有什么区别？

答：1）工控版具有家居版的全部使用功能。

2）工控版的无线发射可以同时使用 315MHz 和 433MHz 发射频率，家居版只有一种频率供使用。

3）家居版为全无线方式控制，工控版增加了 8 路有线继电器输出，1 路报警扬声器输出。

4）工控版增加了 8 路有线输入端子，可以连接有线传感器，输入信号可以是数字开关量也可以是 0~5V 模拟量，具体通道设置由用户进行配置。

5）工控版带无线监听功能，可以远程通过拨打 GSM、SIM 卡号码实现远程环境声音的监听。

6）家居版采用塑料外壳，工控版采用工控专用铁质外壳。

67. 如何知道软件是否有新版本的推出？如何更新已有的软件系统？

答：可以随时通过我们公司的网站 http：//www.hificat.com/ 相关栏目进行查看，也可以通过苹果商店或安卓市场来获得最新版本的软件。

68. 主机应安装在什么位置？

答：主机可以安装在有网线的任何地方，如果主机使用 GSM 功能，又想将主机放置在金属的完全密闭的空间内，请使用 GSM 外置延长天线，将 GSM 天线放置在密闭空间外。

69. 为什么主机使用有线方式连接，而未使用 WiFi 无线连接的方式？

答：KC868 主机追求的是稳定第一的原则，WiFi 信号有时候不排除路由器不稳定的情况，有线网线的连接方式是最稳定可靠的，如果想给有线网络的 KC868 主机升级成 WiFi 版主机，非常简单，只要再增加一个无线路由器即可。

70. 红外线转发器起什么作用？

答：红外线转发器用来发射红外线信号去控制家电，可以将它想象成一个万能的遥控器，它是由主机控制并发射红外线信号，从而实现对家电的控制。

71. 如何选择安装红外线转发器？

答：必须配选晶控电子有限公司的红外线转发器。

72. 红外线转发器适用于哪些家用电器？

答：无需特别安装，只要将红外线转发器的电源插头插到 220V 市电即可。

73. 一个红外线转发器最多可以学习多少个遥控器按键？

答：一个红外线转发器可以学习 64 个遥控器上的按键。

74. 红外线转发器的发射距离有多远？

答：转发器到家电之间的距离最远达 10m 左右。

75. 红外线转发器与主机之间的距离可以是多少？

答：空旷地为 4000 米，实际会有衰减，但一套别墅使用，距离绰绰有余。

76. 红外线转发器是如何供电的？

答：220V 市电直接供给。

77. 一套房子里有多个红外线转发器可以吗？

答：可以的，转发器没有数量上的限制。

78. 目前有哪些平板计算机和手机可以预装软件进行控制？

答：只要是安卓和苹果系统的平板计算机都可以使用。

79. 我是别墅或者多楼层的房屋使用，需要安装信号放大器（中继器）吗？

如果别墅楼层为 2~4 层，一般来说可以不用信号放大器，我们已有使用案例，除非特殊情况，有信号盲区，才安装信号放大器。

80. 中继器应如何使用和放置？

答：接上外接电源，直接放置在任何地方均可。

81. 如何选配和安装智能开关、插座面板？

答：智能开关面板有 1、2、3、4 键 4 种，用户可以根据实际的情况选择不同的面板。插座面板上的插座为万用插座，即可以插三相插头，也可以插两相插头。

82. 电动窗帘要如何选配配件，需做哪些准备？

答：首先确认您家中窗帘的开合方式，是中间向两边拉开，还是向一个方向拉开的，轨道是双轨还是单轨。然后确定电动窗帘的轨道长度进行订制，因为每户家庭的轨道长度各不相同，所以轨道都是量身定制的。轨道确定了，还需要配上电机和一个窗帘控制面板就可以了。

83. 我可以自行选购电动窗帘电机和轨道吗？

答：可以自行选购，最好是从晶控电子有限公司直接购采，以便获得最好的匹配性，以免定制好的轨道与电机不能使用。

84. 如何选配开窗器？

答：电动开窗户主要由开窗器和窗户控制面板组成，准备好这两样部件即可。

85. 调光面板可以控制哪些灯源？

答：调光面板可以控制白炽灯、LED 灯等任何适合电压调整的灯源，不能使用节能灯和荧光灯。

86. 调光面板接线方式如何？

答：调光面板分为两种，一种是零、相线的，需要接上零线和相线；另一种是单相线的，和开关面板的接法相同。

87. 智能控制主机可以连接多少个网络摄像头？

答：数量没有限制，连接几十个摄像头都可以。

88. 网络摄像头防水吗？

答：网络摄像头分室内和室外两种类型，室外的摄像头均为防水型。

89. 可以通过手机进行远程视频监控吗？

答：可以的，使用 WiFi 或 3G 上网均可。

90. 摄像头可以进行录像存储吗？

答：可以的，根据摄像头的配置参数，可以将视频录像至计算机硬盘或摄像头自身的 SD 存储卡上。

91. 摄像头清晰度如何？通过 3G 网络访问流畅性如何？

答：摄像头分 30W 和 130W 两种像素，130W 的清晰度比较好，通过 3G 网络访问也可以得到一个比较好的效果。

92. 摄像头使用什么方式登录访问？

答：可以使用 IP、域名的方式进行登录，摄像头自身都会带一个免费域名直接访问使用。

93. 远程访问摄像头进行视频监控观看时，费流量吗？

答：如果通过 WiFi 方式看，完全是免费的；如果用 3G 方式来浏览，需要相应的流量费用，具体您可以选择合适的手机流量套餐。

94. 晚上是否也可以进行摄像头监控 / 观看视频？

答：可以的，我们的摄像头带有红外夜视功能，会根据环境光线的强弱，自动开启红外光为夜视提供方便。

95. 如何选配安防报警传感器？

答：选择使用 315M 频率，pt2262 编码的传感器即可。

96. 应如何设置安防报警传感器内部的跳线帽？

答：传感器内部有地址码的设置跳线帽，注意：它们必须接高电平或低电平处，不可以悬空引脚。即不接高电平也不接低电平。

97. 主机可以接收多少路安防报警传感器？

答：可以接收 200 路无线安防传感器。

98. 如何安装和使用电磁阀？

答：电磁阀和普通阀门的安装方法一样，都是带螺纹的，和普通的水管或气管相连即可。当通电时，水或气体可以通过；当断电时，水或气体不能通过。

99. 燃气切断阀安装方便吗？需要改管路吗？

答：安装很方便，只要直接架接在现有的阀门手柄上即可，原有管路无需做任何改动，只要切断阀一有电，阀门便会自动关上。

100. 背景音乐系统可以由主机控制吗？

答：只要背景音乐系统自带有遥控器，就能被 KC868 主机所控制，凡是任何带红外线遥控器的设备均能被 KC868 所控制。

101. 背景音乐系统安装方便吗？

答：背景音乐系统是 86 型标准的面板，可以像开关面板安装一样，直接嵌入墙上。

102. 通过 KC868 主机能否实现红外线遥控家电？

答：带红外遥控器的电器设备均可由 KC868 主机通过红外线转发器进行遥控。因此在每个房间内放置一个红外线转发器，转发器和主机之间隔墙放置没有问题，但转发器与被控设备之间不能有遮挡，就像我们用家电的手持式遥控器一样的道理，转发器充当了遥控器的功能。

103. 主机使用的 SIM 卡有何要求？

答：在使用前需要先插入一张移动或联通的 SIM 卡，非 CDMA 卡，而且这张卡是您主机所在城市当地的卡，卡需要具有来电显示功能，也就是普通手机上使用的 SIM 卡，资费标准和手机使用的相同。插入 SIM 卡上电后，直到主机前面板黄灯常亮，表示系统已经启动完成，这时才可以进行其他操作。如果是普通的版本，不带 GSM 功能，则可以不用插 SIM 卡。

104. 如何通过远程访问主机？

答：建议用户可以使用免费的动态域名服务，如国内的域名供应商：花生壳。申请一个免费域名，并通过路由器将域名进行绑定，同时设置好端口转发功能，即访问公网的 IP 或域名，直接会转发到主机的 IP 地址。需要对端口号和 IP 地址进行转发设置。主机默认的 IP 地址是 192.168.1.200，端口是 5000，如果用户不确定，可以通过我们的扫描工具查询主机的各项参数。

105. 如何使用手机进行远程控制？

答：可以预装 KC868 手机版的软件来控制，如果是非智能手机或不想通过手机上网的方式控制的，KC868 支持发短信和打电话的方式进行控制，用户可以使用发送预置好的短信内容和直接拨打电话的方式进行远程遥控，控制方式多元化。不管手机能否上网，均可以远程控制。

106. KC868 主机的软件升级和功能更新了怎么办？

答：我们会根据客户的意见和建议定期对软件进行更新、完善，同时也会不断增加新的实用功能。同时我们提供主机固件的刷机软件。可以将更新后的手机软件和 PC 软件发送给广大用户免费使用，当主机芯片内部固件更新时，一般是将主机寄回生产商进行固件升级更新，但我们最新已研发成功主机远程升级的功能，主机固件底层软件的更新无需将主机寄回我公司进行更新，只需通过网络就可进行远程升级和更新了，这是业界首创，也是技术和实力的体现，确保客户使用的主机永远跟着时代的潮流走。

107. KC868 主机有中性包装吗？

答：为了方便经销商，我们提供中性版的主机和中性版的软件。

108. 客户端软件中的标题字能够改吗？

答：可以自行修改 PC 计算机软件上的标题文字以及欢迎信息，充分体现了个性化的界面。当 PC 计算机软件设置好标题后，手机或平板计算机则无需进行重复设置，只要直接登录主机即可同步更新到手机或平板计算机界面上。

第8章
智能家居 100 问

为了普及智能家居知识，推广智能家居生活理念，晶控电子（hificat.com）整理了智能家居常见的问题，并以《智能家居小百科》的形式通过网站和平面印刷品发布。

1. 智能家居的概念是什么？

根据最新的定义（中国智能家居网 2009 年 4 月 15 日），智能家居是以住宅为平台，利用综合布线技术、网络通信技术、安全防范技术、自动控制技术、音视频技术将家居生活有关的设施集成，构建高效的住宅设施与家庭日程事务的管理系统，提升家居安全性、便利性、舒适性和艺术性，并实现环保节能的居住环境。

2. 智能家居还有哪些称法？

智能家居最常见的称法还包括智能住宅，在英文中常用 Smart Home。与智能家居的含义近似的还有家庭自动化（Home Automation）、电子家庭（Electronic Home、E-home）、数字家园（Digital family）、家庭网络（Home networking）、网络家居（Network Home），智能家庭 / 建筑（Intelligent Home/Building）、在中国香港、中国台湾等地区还有数码家庭、数码家居等称法。

3. 智能家居名词在不同的使用环境中的语意是什么？

智能家居有两种表述的语意，定义中描述的，以及我们通常所指的都是智能家居这一住宅环境，既包括单个住宅中的智能家居（通称为智能住宅），也包括在房地产小区中实施的基于智能小区平台的智能家居项目，如深圳红树西岸智能家居。第二种语意是指智能家居系统的产品，是由智能家居厂商生产、满足智能家居集成所需的主要功能的产品，这类产品应通过集成安装方式完成，因此完整的智能家居系统产品应是包括了硬件产品、软件产品、集成与安装服务、售后在内的一个完整服务过程。

4. 智能家居的起源？

20 世纪 80 年代初，随着大量采用电子技术的家用电器面市，住宅电子化（Home Electronics，HE）出现。80 年代中期，将家用电器、通信设备与安保防灾设备各自独立的功能综合为一体后，形成了住宅自动化概念（Home Automation，HA）。20 世纪 80 年代末，由于通信与信息技术的发展，出现了对住宅中各种通信、家电、安保设备通过总线技术进行监视、控制与管理的商用系统，这在美国称为 Smart Home，也就是现在智能家居的原型。

5. 第一个智能家居的相关标准是什么？

1979 年，美国斯坦福研究所提出了将家电及电气设备的控制线集成在一起的家庭总线（HOME BUS），并成立了相应的研究会进行研究，1983 年美国电子工业协会组织专门机构开始制定家庭电气设计标准，并于 1988 年编制了第一个适用于家庭住宅的电气设计标准，即《家庭自动化系统与通信标准》，也有称之为家庭总线系统标准（Home Bus System，HBS）。在其制定的设计规范与标准中，智能住宅的电气设计要求必须满足以下三个条件，即

1）具有家庭总线系统；

2）通过家庭总线系统提供各种服务功能；

3）能和住宅以外的外部世界相连接。

6. 第一个成熟应用的智能家居产品是什么？

X-10是全球第一个利用电线来控制灯饰及电子电器产品（我们现在通称为电子载波产品），并将其作为智能家居主流产品走向了商业化。Pico Electronics Ltd.成功地发明了该项技术，并将该技术售予当时著名的BSR音响公司。X-10是以60Hz（或50Hz）为载波，再以120kHz的脉冲为调变波（Modulating Wave），发展出数位控制的技术，并制订出一套控制规格。X-10模组于1978年由Sears引进美国，Radio Shack则于1979年开始贩卖该模组系列产品；BSR音响公司在1990年结束营业，X-10模组的先前研发人员将该项技术买下，并在美国成立新公司，公司名称及其产品系列均以X-10命名。今日，X-10在美国不仅是一家公司，亦是家庭自动化控制规格的一种名称。美国许多大公司如Radio Shack、Stanley、Leviton、Honeywell均销售X-10公司的产品，X-10公司制造了一系列家庭自动化产品，如照明开关、遥控器、保全系统、电视机控制界面、计算机控制界面和电话反应器（Telephone Responder）等。许多美国的家庭自动化产品制造商，亦采用X-10控制规格生产其产品，X-10控制规格逐渐成为当今美国家庭自动化控制规格的主要领导者。

7. 智能家居采用的主要技术是什么？

智能家居采用的主要技术是综合布线技术、网络通信技术、安全防范技术、自动控制技术和音视频技术。

8. 智能家居系统包含的主要子系统是什么？

智能家居系统包含的主要子系统有家居布线系统、家庭网络系统、智能家居（中央）控制管理系统、家居照明控制系统、家庭安防系统、背景音乐系统、家庭影院与多媒体系统和家庭环境控制系统等8大系统。其中，智能家居（中央）控制管理系统、家居照明控制系统、家庭安防系统是必备系统，家居布线系统、家庭网络系统、背景音乐系统、家庭影院与多媒体系统和家庭环境控制系统为可选系统。

9. 智能家居提供的服务有哪些？

1）始终在线的网络服务，与互联网随时相连，为在家办公提供了方便条件。

2）安全防范：智能安防可以实时地监控非法闯入、火灾、煤气泄漏和紧急呼救的发生。一旦出现警情，系统会自动向中心发出报警信息，同时启动相关电器进入应急联动状态，从而实现主动防范。

3）消费电子产品的智能控制。

4）交互式智能控制：可以通过语音识别技术实现智能家电的声控功能；通过各种主动式传感器（如温度、声音、动作等）实现智能家居的主动性动作响应。

5）环境自动控制，如家庭中央空调系统。

6）提供全方位家庭娱乐，如家庭影院系统和家庭中央背景音乐系统。

7）现代化的厨卫环境，主要是指整体厨房和整体卫浴。

8）家庭信息服务，管理家庭信息及与小区物业管理公司联系。

9）家庭理财服务，通过网络完成理财和消费服务。

10）自动维护功能：智能信息家电可以通过服务器直接从制造商的服务网站上自动下载、更新驱动程序和诊断程序，实现智能化的故障自诊断、新功能自动扩展。

10. 什么样的住宅环境可称为智能家居?

智能家居认定:只有完整地安装了所有的必备系统,并且至少选装了一种及以上的可选系统的智能家居才能称为智能家居。也就是说,智能家居必须全部安装智能家居(中央)控制管理系统、家居照明控制系统、家庭安防系统,至少安装家居布线系统、家庭网络系统、背景音乐系统、家庭影院与多媒体系统和家庭环境控制系统的一项。

11. 单个住宅是否能安装智能家居?

可以,无论是独幢别墅、联排别墅,还是多层住宅、高层住宅,甚至是SOHO场所、LOFT空间,都可安装和使用智能家居。

12. 智能家居可作为智能小区的一部分吗?

可以,房地产商可将每户的智能家居系统整体集成作为智能小区项目中的一个子系统。在这种情况下,智能家居既有单独的控制与管理,也与智能小区进行信息互通,并成为物业管理的一个终端。

13. 智能家居应由房地产商统一安装吗?

不一定,一些高档的商品住宅项目,尤其是别墅项目,开发商为了提供更具科技含量、更豪华、更舒适的产品,在住宅装修配套中增加了智能家居系统。但大部分商品住宅在交楼时并没有包括智能家居系统的,用户如果希望使用智能家居系统,可以选择合适的系统由智能家居工程商上门安装。

14. 房地产住宅项目中智能家居应何时设计安装?

最佳做法是在房地产住宅项目规划设计时就引入智能家居理念,将智能家居纳入到精装修的范畴,统一设计、统一施工和统一宣传,一直延续到销售直至销售后的物业管理中。

15. 房地产住宅项目中的智能家居可以按菜单式订制吗?

可以,购买者可以向房地产商对其购买住宅的智能家居系统进行定制,不仅可以定制智能家居的子系统,而且还可以选择产品配置的档次。在子系统定制时,必备系统是必选的,可选系统可以根据需要、喜好灵活地选择。

16. 别墅应用的智能家居和多层、高层住宅应用的智能家居有什么区别?

有很大区别。在别墅中应用的智能家居是系统齐全的智能家居,尤其是在家庭环境中,将大量采用控制系统,如中央空调、热水集中管理、能源管理系统、花园浇灌系统、小型天气预报系统和周界防盗报警系统等,这些在多层、高层住宅中很少用到。另外,由于面积大、房间多,别墅还应采用电话交换机系统。当然,大型小区中的多层、高层住宅通常安装有小区联网型的可视对讲系统,而别墅只有独户的可视对讲系统。

17. 智能家居产品应从哪里购买?

尽管用户可以自行购买智能家居产品,按照说明书进行安装(也就是常说的DIY),但我们不推荐这样做,最好从品牌厂商那里直接订购,同时选择本地的智能家居安装商进行上门安装。用户可以从中国智能家居网 www.smarthomecn.com 上选择品牌厂商和智能家居安装商。

18. 什么样的产品才能称为智能家居系统产品?

在智能家居系统产品的认定上,我们认为厂商生产的智能家居(智能家居系统产品)必须是属于必备系统,能实现智能家居的主要功能,才能称为智能家居。因此,智能家居(中央)控制管理系统、家居照明控制系统、家庭安防系统都可直接称为智能家居(智能家居系统产品)。而可选系统都不能直接称为智能家居,只能用智能家居加上具体系统的组合表述方法,如背景音乐系统，称为智能家居背景音乐。某些厂商或安装商将可选系统产品直接称为智能家居，是对用户的一种误导行为。

19. 有哪些厂商可提供智能家居产品？

智能家居属于一个多行业交叉的领域，与 IT、网络、家电、电气、智能建筑、安防和家居装饰都有关系，因此来自这些领域的厂商都可以进入智能家居领域生产和销售智能家居产品，当然也有一批成立于 2000 年前后的专业生产智能家居系统产品的厂商。

20. 国内有哪些知名的智能家居品牌？

目前中国有智能家居生产企业上百家，其中有一定品牌知名度的有 50 多家，列入千家智能家居品牌指数监测的品牌有 30 家，分别是上海索博、青岛海尔、安居宝、天津瑞朗、霍尼韦尔、LG 智能家居、快思聪、波创科技、安明斯、Bticino、慧居智能、尼科、威易、普力特、厦门振威、雨读、汇创智能、麦驰、瑞讯科技、MOX、松本智能、达实智能、智能天工、泰益通、聚晖电子、研华、河东 HDL、科力屋、科道智和青岛海信。

21. 如何能获得智能家居品牌的动态信息？

目前，国内主流的 30 家智能家居品牌厂商均列入千家品牌实验室的品牌指数监测，每月对其品牌识别、品牌实力、品牌活跃力和口碑进行监测并发布品牌指数排名，发布于官方网站：index.qianjia.com。

22. 新品牌如何才能加入智能家居品牌指数监测名单中？

新品牌由于品牌历史不长，品牌知名度不高，要达到品牌指数监测条件还需要一段时间，品牌指数系统每半年会对监测品牌名单进行一次审核，对于成长较快的新品牌，也会考虑进行收录。由于加入品牌指数监测名单是不收费的，因此无论是否列入监测都由千家品牌实验室根据品牌建设实际对比情况做出决定。但新品牌可以主动联络品牌领航员，提交详细的品牌资料。

23. 2008 年十大智能家居品牌获奖名单。

第一名：索博；

第二名：霍尼韦尔；

第三名：安居宝；

第四名：海尔；

第五名：瑞朗；

第六名：波创；

第七名：普力特；

第八名：慧居智能；

第九名：松本先天下；

第十名：振威。

"2008 年智能家居突出贡献奖"：LG 电子。

24. 十大智能家居品牌奖是如何产生的？

"十大智能家居品牌奖"是中国智能建筑品牌奖的组成部分，由中国国际建筑智能化峰会组委会和千家品牌实验室联合评选和颁发。评选规则：由年度品牌指数综合排名、网上调查、用户反馈、专家评议综合产生排名结果，并在中国国际建筑智能化峰会上公布结果和颁奖。

25. 智能家居如何安装？

由本地的智能家居安装商上门安装。用户可以从中国智能家居网 www.smarthomecn.com 上查询智能家居安装商信息。

26. 智能家居可以由用户自行安装吗？

少数智能家居产品可由用户自行购买和安装，但我们并不推荐这样做，原因有两点，一是智能家居系统性较强，对安装操作人员要求较高，要由智能家居认证安装商安排经过专业培训的智能家居安装工程师进行安装，才能达到安装要求和保障稳定运行。

27. 如何选择合格的智能家居安装商？

目前，主流的智能家居安装商认证有千家品牌实验室与中国智能家居网于2009年联合推出的"智能家居认证安装商"认证项目。通过认证的智能家居安装商是有专业的智能家居设计安装力量，有一定的智能家居施工安装经验，使用了成熟的智能家居系统产品，有售后服务保障，而且接受行业监督。选择这样的智能家居安装商，才能保障用户的利益。用户可以从中国智能家居网 www.smarthomecn.com 上查询智能家居认证安装商名单。

28. 企业如何申请智能家居认证安装商？

申请单位必须同时满足以下条件才能申请"智能家居认证安装商"认证：1）法人单位；2）已经从事智能家居设计安装业务一年以上；3）至少一名人员获得了"智能家居认证安装商"认证系统认可的智能家居培训认证证书；4）至少有两个智能家居项目案例。联系方式：中国智能家居网"智能家居认证安装商"项目部。地址：广州市中山大道89号华景软件园C座301（邮编510630） 电话：（020）85563422 85563412 传真：（020）85563469

29. 如何监督检查智能家居认证安装商？

1）智能家居认证安装商应每个季度提交一份项目进度表。

2）智能家居安装商认证项目负责人员应每年对智能家居认证安装商进行一次安装质量与服务水平的检查，并对用户进行品牌满意度问卷调查。

3）认证通过后的第12个月提交认证期间内的年度智能家居安装项目报告。

30. 什么情况下智能家居认证安装商资格将被取消？

以下情况将取消"智能家居认证安装商"资格：

1）失效："智能家居认证安装商"证书过期一月后未提交年度报告并续费的，这种情况视为证书过期自动失效，失效证书编号和企业名称将在中国智能家居网发布，企业名单也将从智能家居安装商数据库对应地区中删除。

2）不合格：在认证证书有效期间，智能家居安装商认证项目负责人员连续三次或收到客户投诉或千家品牌实验室品牌监测系统监测到三条认证企业的负品牌信息（包括假货、施工质量问题、服务水平问题）时，智能家居安装商认证项目负责人员将直接通知认证企业，告知不合格原因，取消认证资格，同时将认证取消信息在中国智能家居网公布，企业名单也将从智能家居安装商数据库对应地区中删除。

31. 装修公司可以安装智能家居吗？

当然可以，只要具备了相应的安装技术能力，在进行家庭装饰工程的同时进行智能家居安装。而且由于对家居、装饰有很深的了解及安装经验，在智能家居安装时可做到事半功倍。

32. 计算机系统集成商可以安装智能家居吗？

当然可以，只要具备了相应的安装技术能力，就可以为一些房地产智能家居项目进行系统设计和安装，并可以与宽带接入系统、物业管理系统等集成安装。

33. 安防工程商可以安装智能家居吗？

当然可以，只要具备了相应的安装技术能力，就可以为一些房地产智能家居项目进行系统设计和安装，并可以与小区可视对讲系统、一卡通/停车管理系统、监控系统、防盗报警系统和物业管理系统进行集成，实现智能小区功能。

34. 智能家居系统的售后服务及维修是如何完成的？

房地产商在开发时统一安装的智能家居系统，在项目销售完成后由物业管理公司负责智能家居系统的售后服务与维护，物业公司将联系厂商和智能家居认证安装商进行维护及维修工作。用户自行购买并通过智能家居认证安装商安装的智能家居，直接联系厂商。

35. 什么是家居布线系统？

是一个安装于住宅内，根据家居布线标准实施的布线系统，主要应用支持话音、数据、影像、视频、多媒体、家居自动系统、环境管理、保安、音频、电视、探头、警报及对讲机等服务。

36. 什么是 TIA/EIA 570—A 家居布线标准？

1991 年 5 月，美国国内标准委员会（ANSI）与 TIA/EIA TR—41 委员会内的 TR—41.8 分会的 TR—41.8.2 工作组制订出了第一个 ANSI/TIA/EIA 570 家居布线标准。但随着新技术的不断发展，智能住宅对通信线缆带宽的要求越来越高，ANSI/TIA/EIA 570 的家居布线标准渐渐不能满足智能住宅家居布线的需求，由此迫切需要有新的家居布线标准适应新技术的不断发展。因此，在 1998 年 9 月，TIA/EIA 协会正式修订及更新了家居布线的标准，并将该标准重新定义为 ANSI TIA/EIA 570A 家居电讯布线标准（Residential Telecommunications Cabling Standard）。

37. 家居布线与综合布线的区别？

1）家居布线不涉及商业大楼。

2）家居布线不涉及家居布线中的电话外线数量。

3）家居布线有分等级，而综合布线没有分等级。

4）家居布线认可界面包括光缆、同轴电缆、三类及五类非屏蔽双绞线（UTP），而综合布线是不包含同轴电缆的。

5）固定装置布线，如对讲机、火警感应器将包括在内。

38. 智能家居一定需要采用家居布线系统吗？

不一定。由于智能家居采用的技术标准与协议的不同，大多数智能家居系统都采用综合布线方式，但少数系统可能并不采用综合布线技术，如电力载波。

39. 家居布线系统包括哪些内容？

家居布线系统包括传输介质、连接模块及转换模块、跳线、配线管理中心几部分，其中配线管理中心又简称家居布线箱，在这个家居布线箱中可以完成主要的家居布线管理操作。

40. 什么是家居布线箱？

家居布线箱是家居布线的管理设备中心，通常连接和管理模块配置箱、通信模块、视频模块、网络模块、音响模块、系统插座、线缆和家庭智能管理系统等部分。

41. 家庭网络系统包括哪些内容？

家庭网络是在家庭范围内（可扩展至邻居、小区），将 PC、通信、家电、安全系统、照明系统和广域网相连接的一种新技术。家庭网络是一个多子网结构的分别采用不同底层协议的混合网络，与局域网（LAN）和广域网（WAN）相比，在系统构成、网络协议及用户群体方面都具有自己的特点，未来的家庭网络实现必须提供完整的系统集成方案、高度的互操作性和灵活易用的网络接口。

当前在家庭网络所采用的连接技术可以分为"有线"和"无线"两大类。有线方案主要包括双绞线或同轴电缆连接、电话线连接、电力线连接等；无线方案主要包括红外线连接、无线电连接、基于RF技术的连接和基于PC的无线连接等。

电话网络也应纳入到家庭网络的范畴，当住宅（尤其是别墅等面积特别大的住宅中）采用了电话交换机或小总机时，这些电话接口的布线必须纳入到家居布线系统的管理中。在未来，通信网络与计算机网络进一步融合，家庭内的电话交换将通过IP网络完成，这时电话也将是网络电话。

在互联网时代，家庭网络也必须是与互联网相连的，因此这样的家庭不仅是网络家庭，更是互联网家庭。

按照通常理解，家庭计算机、宽带上网设备、家庭局域网设备、家庭数字处理设备和家庭存储设备等都是家庭网络系统的组成部分。

42. 什么是电话交换机？

程控数字电话交换机就是利用电子计算机进行程序控制的数字电话交换机。程控是指控制方式，程控方式也可以用于非数字的交换机，即模拟交换机。数字交换与模拟交换所用程序控制的原理是相同的，数字交换是指直接对数字化的话音信号进行交换。程控数字电话交换机除具有电话交换的基本功能外，还具有以下新功能：缩位拨号、热线服务、闹钟服务、转移呼叫、呼叫等待、遇忙回叫、三方通话、会议电话、免打扰服务、缺席用户服务、查找恶意呼叫、无应答转移和恶意呼叫追踪等。

小型的面向家庭、小企业单位用的电话交换机又称电话小交换机、集团电话。

43. 家庭宽带接入属于智能家居范畴吗？

是的，家庭宽带接入属于家庭网络系统的组成部分，而家庭网络系统又是智能家居的一个子系统，因此家庭宽带接入属于智能家居范畴。

44. 网上购物、网上视频点播、网上银行、网上办公属于智能家居范畴吗？

不属于，这些都是互联网内容，任何一台可连接到互联网的设备都可实现这些功能，而并不是智能家居系统所独有的，因此这只是互联网的属性，而非智能家居的属性，一些房地产商将网上购物、网上视频点播、网上银行、网上办公作为智能家居的卖点，是一种不负责任的误导行为，是典型的偷换概念的做法。

45. 数字电视视频点播、数字电视互动内容属于智能家居范畴吗？

不属于，这些都是数字电视内容，只要数字电视运营商开通了数字电视视频点播、数据电视互动内容，任何一个数字电视用户都可享受到这些服务，与是否安装和使用智能家居系统无关。

46. 什么是智能家居（中央）控制管理系统？

智能家居（中央）控制管理系统是智能家居的"大脑"，所有的子系统都将接入到这个控制中心，智能家居（中央）控制管理系统通常包含有智能家居管理软件（独立软件或嵌入到主板中），完成设备管理、场景设置、能源管理、日程管理、安防布撤防、安防监控管理和物业管理服务等管理操作。

47. 一个完整的智能家居系统必须要有智能家居（中央）控制管理系统吗？

是的，缺少智能家居（中央）控制管理系统的智能家居是不完整的，也是无法进行有效管理的，更无法进行系统整合、升级等操作。因此，有认定房地产开发的智能家居项目时，智能家居（中央）控制管理系统是作为一个主要的考察评估子系统。

48. 什么是家居照明控制系统？

家居照明控制系统可以根据环境变化、客观要求、用户预定需求等条件而自动采集照明系统中的各种信息，并对所采集的信息进行相应的逻辑分析、推理、判断，并对分析结果按要求的形式存储、显示、传输，进行相应的工作状态信息反馈控制，以达到预期的控制效果。家居照明控制系统不是家居照明系统，照明系统只是光源、灯具以及相关辅件，但家居照明控制系统还包括调光模块、开关模块、控制面板、液晶显示触摸屏、智能传感器、编程插口和时钟管理器等设备。按照狭义的理解，家居照明控制系统是不包括照明系统中的光源、灯具和电线等设备的。反过来，未生产家居照明控制系统，而只是生产光源、灯具产品的企业，也不属于智能家居生产企业。

49. 什么是家庭安防系统？

安全防范技术是智能家居系统中必不可少的技术，在小区及户内可视对讲、家庭监控、家庭防盗报警、与家庭有关的小区一卡通等领域都有广泛应用。因此，家庭安防系统是指为家庭设备与成员的安全而安装的防护保全与报警系统，包括户内可视对讲、家庭监控、家庭防盗防护、家庭设备监测与报警、周界侦测与入侵报警、家庭安防管理系统等。一个完善的家庭安防系统还应与小区、社区的报警中心连接，实现联动报警。

50. 智能家居系统必须安装家庭安防系统吗？

是的。安全是智能家居环境的重要特征，安防系统是保障安全的最佳选择。因此，一个完整的智能家居系统必须有家庭安防系统。

51. 什么是可视对讲系统？

可视对讲是住宅小区住户与来访者的声音、图像通信联络系统。它是住宅小区住户的第一道非法入侵的安全防线。通过这套系统的设置，住户可在家中，用可视对讲分机，通过设在单元楼门口的可视对讲门口主机，与来访者通话并能通过分机屏幕上的影像，辨认来访者。当来访者被确认后，住户主人利用分机上的门锁控制键，打开单元楼门口主机上的电控门锁，允许来访者进入；否则，一切非本单元楼的人员及陌生来访者，均不能进入。这样确保了住户的方便和安全。

52. 可视对讲系统可以与智能家居（中央）控制管理系统安装在一起吗？

可以。实际上户内可视对讲机可以与智能家居（中央）控制管理系统共同安装在一个控制箱内，以壁挂式或触摸屏式安装，目前许多智能家居品牌厂商均采用了这一方式。

53. 智能家居中的单户可视对讲系统与小区可视对讲系统有什么区别？

智能家居中的单户可视对讲系统只用于单个住宅，规模较小，安装简单，且无须小区联网。小区可视对讲系统是小区物业管理的重要支撑系统，实现了小区内联网，因此规模较大，系统相对复杂，小区可视对讲系统通常由房地产商统一安装。

54. 什么是家庭监控系统？

采用监控设备对住宅内外情况进行监视、记录、传输和联动报警的系统，称为家庭监控系统。家庭监控系统包括摄像头、监视器、记录设备、联网传输设备和报警接口模块等，由于家庭计算机的普及应用和宽带的广泛使用，目前广泛采用了网络摄像头＋网络保留＋网络传输＋短信或手机报警方式，而这些方式都可以整合到智能家居系统中，成为里面的一个功能模块。

55. 什么是家庭防盗、防护？

家庭防盗、防护实际上包含两层意思，一是防盗，二是防护以避免不必要的伤害损失。这既包括一些具体的产品，如防盗门、防盗窗和保险箱；也包括一些安全防护产品和措施，如栏杆安全防护网、儿童防撞隔离物、电气保护锁和电器上的儿童锁等。另外，还特指智能家居系统中的防盗管理模块。

56. 什么是家庭安防报警？

家庭安防报警包括门窗磁开关报警、红外线报警、煤气泄漏报警、烟雾报警、玻璃破碎报警和紧急按钮报警等，与家庭安防相关配套的小区安防报警包括小区安全监控、巡逻、无线对讲和楼宇电梯、供水、供电监控等。因此，家庭安防报警产品主要有报警主机、门/窗传感器、玻璃破碎探测器、烟感探测器、燃气泄漏探测器、移动探测器、投光灯及动作传感器、家庭监护产品和防抢夺报警器等。

57. 什么是门窗磁开关报警？

在住宅可能入口处安装门磁或窗磁探测器，门或窗在布防状态下打开时，传感器将信号传送至安防管理系统控制中心，发生报警信息并启动相应的报警操作。

58. 什么是主动红外对射探测器？

主动红外对射探测器由发射机和接收机两部分组成，发射端发射经调制后的两束红外线，这两条红外线构成了探头的保护区域。如果有人企图跨越被保护区域时，则两条红外线被同时遮挡，接收端发出报警信号，主机接收到信号发出报警声；如果有飞禽（如小鸟、鸽子）飞过被保护区域，由于其体积小于被保护区域，仅能挡一条红外射线，则发射端认为正常，不向报警主机发报警信号。经过调制的红外线光源是为了防止太阳光、灯光等外界光源的干扰，也是防止有人恶意使用红外灯干扰探头工作。同时将红外对射探测器装在户外，窃者一旦爬上窗户、围墙，红外对射探测器检测到信号后，报警主机按照预先设置的方式发出警报声，从而提前了报警时间，将窃者有效地阻隔在户外，并能及时调派人员处理警情，最终达到保护财产安全的目的。

59. 什么是被动红外探测器？

被动式红外报警器不向空间辐射能量，而是依靠接收人体发出的红外辐射进行报警的。任何有温度的物体都在不断地向外界辐射红外线，人体的表面温度为36~37℃，其大部分辐射能量集中在8~12μm波长范围内。被动式红外报警器在结构上可分为红外探测器（红外探头）和报警控制部分。红外探测器用的最多的是热释电探测器，作为人体红外辐射转变为电量的传感器。如果将人体的红外辐射直接照射在探测器上，将会引起温度变化而输出信号，但是参测距离不会很远的。为了加长探测器探测距离，需附加光学系统收集红外辐射，通常采用塑料镀金属的光学反射系统或塑料做的菲涅尔透镜作为红外辐射的聚焦系统。在探测区内，人体透过衣饰的红外辐射能量被探测器透镜接受，并聚焦热释电的传感器上。当人体（入侵者）在这一监视范围中运动时，顺次地走入某一视场，又走出这一视场，热释电传感器对运动的人体一会儿看到，一会儿又看不到，于是人体的红外辐射线不断地改变热释电体的温度，使它输出一个又一个相应的信号，此信号就是报警信息号。

60. 什么是微波、被动红外双鉴入侵探测器？

微波探测器对活动目标最为敏感，在其防护范围内的窗帘飘动、电扇扇页移动、小动物活动等都可能触发误报警。而被动红外探测器防护区内能产生不断变化红外辐射的物体如暖气、空调、火炉和电炉等也可能引起误报警。为克服这两种探测器的误报因素，我们将两种探测器组合在一起连接成为双鉴探测器。于是探测器条件发生了根本的变化，既入侵目标必须是移动的，又能不断辐射红外线时才产生报警。使原来单一探测器误报率高的不利因素大为减少，使整机的可靠性得以大幅度提高。凡事都有两个方面，因微波与被动红外防护区不可能完全重合，且对入侵方向的反应灵敏度有所下降，即探测范围相应减小。要达到原来的保护范围，势必要增加探测器数量，使投入成本增加。

61. 什么是玻璃破碎探测器？

玻璃破碎探测器粘着于玻璃上，探测玻璃的震动和玻璃破碎的高频信号，在玻璃破碎或受到锤击时发送无线射频信号到主控制台。

62. 什么是烟感探测器？

烟感探测器的功能是为触发并启动应急装置的，但仅当与其他设备同时使用时才可起作用，探测器必须按照中国国家标准《火灾自动报警系统设计规范 GBJ 116-88》进行安装设计。烟感探测器没有电源不能工作。烟感探测器探测不到没有烟的地方的火灾，如烟囱内、夹墙中、房顶上，这些地方烟感探测器探测不到，因此不报警。

63. 什么是燃气泄漏探测器？

燃气泄漏探测器可连续自动地监测室内（如厨房等）燃气泄漏的程度，在达到气体爆炸浓度下限（LEL）的1/10~1/4时，将采取设定方式报警，如现场声、光报警；提醒用户注意、触发联网报警系统，通知报警中心；启动排气扇或其他联动装置用以通风或关闭气源，从而有效地避免因燃气泄漏造成的火灾、爆炸、窒息和死亡等恶性事故。

64. 什么是家庭安防管理系统？

家庭安防管理系统是一个软件系统，是对家庭安防进行科学有效管理的一个系统，具有记录、分析、传输和自动报警等功能，具有安防系统的布防和撤防功能，并可实现遥控和远程控制。

65. 什么是家庭背景音乐系统？

家庭背景音乐系统就是通过家居布线，将声音源信号接入各个房间及任何需要背景音乐的地方（包括浴室、厨房及阳台）。通过各房间相应的控制面板独立地控制房内的背景音乐专用音箱，让每个房间都能听到美妙的背景音乐。通俗地说，就是在任何一间房子里，包括客厅、卧室、厨房和卫生间，均可布上背景音乐扬声器线，通过1个或多个音源与该系统相连接，可以让每个房间都能听到美妙的背景音乐。当然，如果有的房间不需要背景音乐或调节音量，可以通过该房间的控制面板关闭或调节；如果家长在客厅放音乐，不想影响在卧室休息的小孩，可以通过控制面板关上卧室中的背景音乐，这样就不会影响到家人的学习或休息。通过控制面板还可以直接控制所有房间背景音乐的开关，而无需您亲自走到各房间。

66. 家庭背景音乐系统的 4 种实现方法都有哪些？

1）广播背景音乐 - 定压式背景音乐系统。公共场所的背景音乐都是采用定压功放的方式实现的。定压功放输出电压为110V，可以看到定压功放连接的扬声器都有一个变压器，将声音信号从110V电压降低为扬声器的工作电压，定压功放是为了实现长距离传输音频信号而设计的，学校、工厂、商厦等地方的广播都是采用定压功放。由于公共场所对音质的要求不高，所以我们平时在公共场所听到的定压功放播放的音乐都不是立体声的。其优点：价格较低，适合工业、商业等对音质要求不高的场所；缺点：安全性不高，音质不好。

2）普通功放。普通功放对扬声器的电阻是有明确要求的，或者为4Ω或者为8Ω的灯，如果一个功放连接了小阻值的扬声器，使得系统工作电流变大，功放将会被烧掉。如果有多个音乐点，那么同时接入多个扬声器之后，音质就会降低。一般情况下，普通功放不能用于背景音乐。优点：适合单个房间聆听背景音乐，价格较低。缺点：无法实现多区域同时聆听背景音乐。

3）采用分离式功放。具体做法如下：将DVD的音频输出端连接到某个音频输入端，然后将音频输出端连接到各房间的分离式子功放，子功放直接连接吸顶扬声器，这样也能够实现立体声背景音乐，但是由于DVD输出的音频信号功率很小，没有经过放大就长距离（一般超过20m）传输到子功放，因此很容易产生叠加干扰信号（220V的强电就是一个干扰源），叠加干扰信号在经过子功放放大之后经过短距离（几米）传输扬声器，此时就会产生较强的白噪声。因此，采用分离式功放实现的家庭背景音乐音质不会很好。优点：可以根据用户需求定制背景音乐覆盖的区域数。缺点：音质较差，系统易出现干扰问题。

4）专业定阻式家庭背景音乐。专业定阻式家庭背景音乐系统充分考虑了家庭应用需求，能够提供高保真立体声的整体音响系统，用户无需另配功放，它具有如下特点：

1）HIFI高保真立体声。

2）内置硬盘，解决背景音乐的音源问题，不需要外接音源设备也可以听到自己喜欢的音乐。

3）通过内置硬盘，实现自由点播功能。客户可以在房间内通过全彩液晶触摸屏点播自己喜欢的音乐，而不必按顺序听歌，或只能选上首、下首这样简单的操作。完全可以在众多的音乐中选取所要听的音乐，完全随心所欲，自由掌控。

4）不同的房间可以同时播放不同的音乐。

5）任何房间均有控制面板，可以单独控制聆听区域的音量大小、开关、音乐选择和高低音效等属性；尤其是全彩液晶触摸屏，完全实现点播选择自己喜欢的音乐，全菜单式操作，方便、快捷。

6）可同时输入多路高保真立体声音源（如CD、电视）。

7）每个房间的控制面板都可以远程控制音源设备的开关，上一首/下一首等属性。

67. 家庭影院也属于智能家居范畴吗？

是的，家庭影院为住宅提供了舒适性、艺术性享受，当然属于智能家居范畴。在国外智能家居中，家庭影院是作为改善居住品质的一个重要内容。在国内，普遍对家庭影院的概念不清楚，认为一台电视＋一台播放机＋两个音箱就是家庭影院，这其实是一种误解，是被那些VCD厂商和一些功放音箱生产厂商所误导的家庭影院概念。

68. 什么是家庭影院？

"家庭影院"是相对"专业影院"而言。20世纪70年代中后期，专业影院开始出现立体声伴音系统，立体声影片也随之与日俱增。80年代以后，具有环绕声效果的杜比4-2-4立体声影片和影院遍布全球，其真实的现场感，令人振奋。随着家庭影音播放设备的完备和出新以及人们自娱自乐的消闲需求，专业影院使用的电声系统部分移植到家庭。只要家庭居室条件允许，就可以方便地在家里建立一个微型影院，营造出与专业影院相媲美的影音效果。

简单来说，一套家庭影院的设备包括一台DVD播放器、一台功放机、5.1音箱（一个中置、左右两个主音箱、左右两个环绕音箱、一个重低音音箱）、一台大屏幕的显示系统（大屏幕电视、背投电视、投影仪），这种配置的家庭影院能够尽情欣赏 DVD 级别以上以上的高清晰度影片，也能欣赏 CD 音乐，如果要专业地听音乐，最好再配备一台 CD 播放机，喜欢收听电台节目的用户还可以加一台收音机组件。

要完成家庭影院的安装还需要有专业的连接线缆，包括用于连接各音箱的扬声器线，用于连接 DVD 播放器大屏幕显示系统的 HDMI 线缆 /DVI 线缆、用于连接 DVD 播放器与功放的光纤或同轴电缆等。

69. 什么是 Dolby、DTS、THX？

1994 年 12 月 27 日，日本先锋公司宣布与美国的杜比实验室合作研制成功一种崭新的环绕声制式，并命名为"杜比 AC-3（Dolby Surround Audio Coding-3）"。1997 年初，杜比实验室已正式将杜比 AC-3 环绕声改称为杜比数码环绕声（Dolby Surround Digital），以下简称为 Dolby Digital。杜比 AC-3 是一种全数字化分隔式多通道影片声迹系统，亦称杜比数码环绕声。

AC-3 可以与现有的其他种类的音响系统很好地兼容，包括杜比定向逻辑环绕声、双声道立体声甚至单声道系统。它对每一种节目方式都有一个指导信号，并能在工作时自动地为使用者指示出节目的方式。AC-3 甚至可以将 5.1 声道的信号内容压缩为单声道输出，其声音效果要比传统的单声道系统好得多。

数字化影院系统（Digital Theatre System，DTS）。从技术上说，DTS 与包括 Dolby Digital 在内的其他声音处理系统是完全不同的，这种区别最早出现在电影胶片的声音录制方式之中。Dolby Digital 是将音效数据储存在电影胶片的齿孔之间，因为空间的限制而必须采用大量压缩的模式，所以也牺牲了部分音质。但是这种限制却被原本默默无闻的小公司 DTS 用简单的方法解决了，其方法就是将这些音效数据放到另一台 CD-ROM 中，再使它与影像同步。这样不但空间得到增加，而且数据流量也相对变大，可以将存放音效数据的 CD 盘片换掉，即可播放其他的语言版本。这对电影院来说是相当方便的，也正因为这样 DTS 在专业影院上胜过了 Dolby AC-3。

在 LD 时代，由于 LD 的规格限制，它无法兼容 5.1 声道的 DolbyAC-3 及 DTS，正所谓鱼与熊掌不能兼得，这也造成 DTS 在家庭影院市场上的失败。到了现在的 DVD 时代，DVD 的超大容量可以兼容 AC-3 与 DTS 于一张影碟上。由于某些非技术层面上的问题，DTS 必须采用与以往 PCM 格式不兼容的 PES 格式，虽然数字输出接头是一样的，但是原来的 DVD Player 无法辨识 PES 格式，所以想采用 DTS 音效的使用者，必须更换新一代的 DVD 机才能使用，这无疑阻碍了 DTS 的前进道路。DTS 与 AC-3 的差异在于数据流量大小的不同，DTS 在 DVD 上拥有 1536Kbps 的数据流量，与 384Kbps、448Kbps 的 AC-3 数据流量相比，足足超过了 3 倍多，即使将 AC-3 拉到极限的 640Kbps，DTS 还是超过它 2 倍有余。由于 DTS 系统在编码时丢失的信号很少，保留了原有声场中较丰富的细微信号，所以它的声场无论在连续性、细腻性、宽广性和层次性方面均优于杜比数字。据称，DTS 系统是目前市场上最好的 5.1 声道环绕声技术。

THX 是由奥斯卡音效奖得主乔治卢卡斯所发明的，它跟 Dolby Digital 及 DTS 是不同理念的产品，虽说也是 5.1 声道规格，扬声器的摆法也可以说是一样的，但是它只有前方 3 个声道具有真正定位效果，后环绕只是两个单声道而已。THX 并不是一种独立的放声系统，它只是经杜比定向逻辑处理的立体声信号再进行适当的后期处理，以便获得声音定位准确、动态范围大的真实音响效果。因此，我们说 THX 是建立在杜比定向逻辑基础上，用来衡量家庭影院音响系统的一种标准。THX 的精神在于改善原有电影院及家庭影院的音效品质，将原本电影想表达的音效正确地呈现给在电影院或是在家里观赏影片的使用者，所以 THX 对于每个环节，例如影碟、扩大器、扬声器等，甚至是视听空间的规格都有严格的要求，差一点都不行。也因为每个器材都需要经过认证，所以加起来的认证费用相当高，要享受完整且正确的 THX 音效，的确所费甚钜。

70. 什么是 AV 功放？

简称功放，用于增强信号功率以驱动音箱发声的一种电子装置。不带信号源选择、音量控制等附属功能的功率放大器称为后级。AV 放大器是家庭影院系统中的核心设备。它除具有普通立体声放大器的全部功能外，还增加了多路功放和环绕声解码器（如杜比定向逻辑、杜比 AC-3 等）以及 DSP 声场处理器；并且备有连接各种 AV 节目源的输入输出端子和功能转换开关，有的还内置了 AM/FM 调谐器。目前，常用的 AV 放大器基本分为三种类型：

1）AV 前置放大器：这类放大器相当于分体式前后级放大器中的前级放大器，它附加有杜比解码器和 DSP 电路。它的输入端子与 AV 节目源驳接，输出端子输出的不是功率信号，而是电压信号，不能直接驱动扬声器，需要外接功放以驱动扬声器。这类 AV 前置放大器不含功放，其性能一般较好，DSP 功能也相应较多，便于音乐发烧友利用现成的功放或选用自己中意的功放，以满足自己的需要。

2）AV 综合放大器：其实际是一台设有杜比解码器的前后级合并式多通道功率放大器。设有各种音频输入端子和输出端子，各种控制功能齐全，内含多路功放。只要接上相应的扬声器系统，配上放像设备和大屏幕彩电就可以组成一个完整的家庭影院系统。

3）AV 环绕声放大器：这类环绕声放大器主要是便于已有立体声放大器的用户将其改成家庭影院系统，通常设有杜比解码和 DSP 电路的双（或三）声道功放。

71. 什么是投影机？

投影机自问世以来发展至今已形成三大系列：

LCD（Liquid Crystal Display，液晶投影机）DLP（Digital Lighting Process，数字光处理器投影机）和 CRT（Cathode Ray Tube，阴极射线管投影机）。

LCD 投影机的技术是透射式投影技术，是目前最为成熟的。投影画面色彩还原真实鲜艳，色彩饱和度高，光利用效率很高，LCD 投影机比用相同瓦数光源灯的 DLP 投影机有更高的 ANSI 流明光输出，目前市场高流明的投影机主要以 LCD 投影机为主。它的缺点是黑色层次表现不是很好，对比度一般都在 500∶1 左右徘徊，投影画面的像素结构可以明显看到。

DLP 投影机的技术是反射式投影技术，是现在高速发展的投影技术。它的采用，使投影图像灰度等级、图像信号噪声比大幅度提高，画面质量细腻稳定，尤其在播放动态视频有图像流畅，没有像素结构感，形象自然，数字图像还原真实精确。由于出于成本和机身体积的考虑，目前 DLP 投影机多半采用单片 DMD 芯片设计，所以在图像颜色的还原上比 LCD 投影机稍逊一等，色彩不够鲜艳生动。

CRT 投影机采用技术与 CRT 显示器类似，是最早的投影技术。它的优点是寿命长，显示的图像色彩丰富，还原性好，具有丰富的几何失真调整能力。由于技术的制约，无法在提高分辨率的同时提高流明，直接影响 CRT 投影机的亮度值，到目前为止，其亮度值始终徘徊在 300 流明以下，加上体积较大和操作复杂，已经被淘汰。

72. 音箱的分类有哪些？

音箱分为有源音箱与无源音箱。有源音箱就是带有信号处理电路、电源变压器和功率放大器的音箱，无源音箱则没有配备这些，其功能由专业的功率放大器完成，因此真正的 HiFi 级音箱和家庭影院用的音箱，与计算机多媒体的有源音箱有很大的差别，由于有源音箱采用功放内置会导致各种干扰和震动。已经不可能将很精巧的功放模块内置，而无源音箱和专业功放各擅所长，所以无源音箱与功放的结合会好于一个单独的有源音箱，所以在发烧音响的设备中根本寻找不到有源音箱的踪影，我们熟悉的家庭影院系统就是采用无源音箱。

在我国大众音响市场中，有源音箱市场特别热闹非凡，真是一种特色，现在的有源音箱可以与 DVD、MP3、MP4、电视机、摄像机、计算机、游戏机、手机和 PDA 等多种音源配接，有源音箱的通用性使它更容易普及，价格优势令无源音箱和高品质功放实在难以匹敌。有源音箱已经历经了无源音箱、普通有源音箱和书架式音乐箱等几个时期，已经进入到了 USB 音箱、平板音箱、数字音箱、多声道音箱和桌面影剧院系统并存的一个多极化时期。

73. 家庭环境控制系统包括哪些产品？

包括中央空调、新风系统、电动窗帘、冷热水管理、花草浇灌和天气预报等。

74. 什么是温度传感器？

温度传感器可说是无处不在，空调系统、冰箱、电饭煲和电风扇等家电产品以至手持式高速高效的计算机和电子设备。温度传感器是将感受的物理量、化学量等信息，按一定规律转换成便于测量和传输的信号的装置。温度传感器有空间 / 壁式、探针传感器 / 变送器、连续平均温度传感器 / 变送器等几种。

75. 什么是湿度传感器？

湿度传感器采用最新的湿度感应元件采集室内外湿度数据。

76. 什么是小型天气监测系统？

有没有想过即使没在家也想看看房子周围天气怎样，是下雨还是阴天，是否大风？小型天气监测系统绝对能帮到您。您可在室外架设一个类似气象站用的监测设备，可以测试风速、温度、湿度、降水量等天气指标，并将监测结果传到您的家庭控制主机系统中，通过相关计算机软件或专用的显示终端就可以查看了。当然，您也可设定一些报警动作，与其他自动控制系统联动，如风力超过六级将窗户关闭等。如此专业的系统，也只适合单体别墅用户安装。

77. 什么是水浸监测器？

用来监测家里地面或其他表面是否水浸，如果有异常情况将通知家庭控制主机报警或采取相应动作如关闭总水闸。

78. 什么是电动窗帘？

窗帘的基本作用无非是保护业主的个人隐私以及遮阳挡尘等功能，但传统的窗帘您必须用手去拉动，每天早开晚关也是挺麻烦的，特别是别墅或复式房的大窗帘比较重，而且很长，需要很大的力量才能开关窗帘，很不方便。于是遥控电动窗帘在最近几年得到迅速发展，并广泛应用于智能大厦、高级公寓、酒店和别墅等场合，只要轻按遥控器一下，窗帘就自动开合（百叶窗可以自动旋转），非常方便；采用智能控制系统还可以实现窗帘的定时开关，场景控制等高级控制功能，真正让窗帘成为现代家居的一道亮丽风景线。

智能窗帘的结构和工作原理如下：

1）电动窗帘的主要工作原理是通过一个电机带动窗帘沿着轨道来回运动，或者通过一套机械装置转动百叶窗，并控制电机的正反转实现的。其中核心部件就是电机，现在市场上电机的品牌和种类很多，但最终无非是两大类：即交流电机和直流电机。

2）实现自动窗帘的控制是窗帘控制器，其输出 AC 220V 电压，能控制窗帘交流电机的正反转。接线柱"L"接 220V 电源线的相线，接线杆"N"接 220V 电源线的零线。输出端"1"接线柱接电机正转相，输出端"2"接线柱接电机反转相应注意接线不要出差错。

3）要调节好电机的行程，由于用户窗子的长度不同，这就要对窗帘电机在轨道上的运行范围进行调节（百叶窗一般转动 90°），具体调节方法请参照电机生产厂家的说明书。

接下来的工作就是根据您的需求给它设置地址，这样您可以通过各种发射器对窗帘进行控制了。例如：迷您控制器、无线系列、电话远程控制器和计算机控制等。

79. 什么是家庭中央空调？

中央空调的概念起源于美国，是商用空调的一个重要组成部分，随着空调业的发展，也迅速进入家用领域。家庭中央空调是由一台主机通过风道送风或冷热水源带动多个末端的方式控制不同的房间，以达到调节室内空气的目的。家用中央空调将调节全部居室的空气和整体改善生活品质，克服了分体式壁挂和柜式空调居室空间被分割、空气气流不均匀等不足之处。通过巧妙地设计和安装，可实现美观典雅和舒适卫生的和谐统一，是国际和国内的发展潮流。

目前，市面上有三种称为家用中央空调的产品，第一种是小型冷水机加风机盘管的水系统，第二种是使用风道送风的风管机的风系统，第三种是变频一拖多的类分体空调系统。前两种家用中央空调的设备都是由大型中央空调设备的小型化和转型设计的产物，后一种是在分体空调的基础上演化而来。

一般来说，家庭中央空调适合三居室以上的家庭使用，尤其是别墅用户，即适合 $100m^2$ 以上的面积。如果小面积的用户也想享受，可以同一单元对门两家或楼上楼下两家共用一个系统，这样可降低造价，节约运行费用。

80. 什么是整体厨房？

所谓整体厨房，是将厨房电器、厨房用具等系统搭配成为一个整体，即整体配置，整体设计，整体施工装修，包括橱柜、抽油烟机、燃气灶具、消毒柜、洗碗机、冰箱、微波炉、电烤箱、各式挂件、水盆、各式抽屉拉栏和垃圾粉碎器等，无论大小轻重，都力求考虑周到。生产厂商以家电为基础，同时使用防火板等材料，生产出厨房整体产品，这种产品集储藏、清洗、烹饪、冷冻和上下供排水等功能为一体，尤其注重厨房整体的格调、布局、功能与档次。

81. 智能住宅应是节能住宅吗？

当然，根据定义，智能住宅需要实现环保节能的居住环境，因此智能住宅也必须是节能住宅。住宅实施智能化的过程也是住宅走向节能的过程。

82. 智能住宅应是环保住宅吗？

当然，根据定义，智能住宅需要实现环保节能的居住环境，因此智能住宅也必须是环保住宅。

83. 智能家居的安全性体现在哪些方面？

对住宅的电器进行全面监视与管理，保证设备的安全；对周界及入口进行监视、侦测和用红外防盗报警设防，这是周界安防与入侵报警；另外，对可能发生的危险进行早期报警和及时处理，包括气体泄露报警、烟感探测报警等，这是灾害报警。另外，通过小区平台与物业、社区互动，获得更多安全方面的保障。

84. 智能家居的便利性体现在哪些方面？

通过集中、统一管理住宅设备和电器，达到简化管理流程、节省时间的效果。另外，基于遥控和网络远程控制方式的管理，进一步消除了空间障碍，从而使得生活更便利。这也是智能家居作为一种家庭高档耐用品的体现。

85. 智能家居的舒适性体现在哪些方面？

主要体现在对家庭环境的科学控制管理以获得更舒适的居住环境，通过日程管理来安排家庭各项事物以节省更多的精力和时间，达到身心愉悦。这也是智能家居作为一种家庭高档耐用品的体现。

86. 智能家居的艺术性体现在哪些方面？

智能家居必须体现艺术性，智能家居是一种高品质生活，同时也是一种艺术化生活，居住在智能家居环境中的人们才能更加优雅自如、从容自信。这也是智能家居作为一种家庭高档耐用品的体现。

87. 智能家居一定昂贵吗？

智能家居不是豪华家居，根据选用系统的不同，安装规模的不同，费用有高、有低，不一定昂贵。但智能家居作为一种家庭高档耐用品已经属于高档消费的范畴，必然有相当的经费开支才能消费。

88. 智能家居只适合于别墅和高档住宅吗？

不是，智能家居可广泛应用在别墅、高档住宅和普通住宅中。由于系统配置有差别，费用也会有差别。但不论户型的大小，均可安装智能家居系统。

89. 智能家居都是进口产品吗？

目前，主流的智能家居系统产品都是国内品牌生产，国产品牌在这一领域占据着主导地位。

90. 智能家居的操作、使用复杂吗？

一套好的智能家居系统应该是操作、使用简单，而且是人性化的操作界面。

91. 智能家居系统的寿命有多长？

15 年。因为家居布线系统的质保期为 15 年，智能家居中使用的电子产品的通常使用寿命为 10~15 年。

92. 如何避免智能家居华而不实，甚至投资浪费？

必须理清需求，选择知名品牌，选择认证安装商。

93. 目前智能家居行业的创业与投资环境如何？

智能家居在中国是一个朝阳产业，需求增长很快，有一批优秀的智能家居生产企业在快速成长中。另外，智能家居产品的渠道建设也大有作为，对风险投资商来说，也是一个未开发的富矿。

94. 全世界最豪华的智能家居在哪里？

比尔 - 盖茨的湖滨别墅。别墅在里面共铺设了 52mil（$1mil=25.4 \times 10^{-6}m$）电线，并用 WindowNT 操作系统将这些电线与计算机服务器连接起来。当您一走进盖茨的家中，就会感到家电通过连接"活"了起来，加上中央计算机随时接收信息、下达指令，比尔 - 盖茨的豪宅也"神"了起来。主楼里的大门装有气象感知器，它根据各项气象指标控制室内的温度和通风。每一位客人在跨进比尔 - 盖茨家时，都会得到一个别针，并要将它别在衣服上。这个别针将告诉房屋的计算机控制中心，客人对于房间温度、电视节目和电影的爱好。所以，一旦房间内的电视和音乐被选定后，它们会随着人们从一个房间进入到另外一个房间，就算是在水池中，也会从池底"冒"出如影随形的音乐。

95. 中国第一个大型的智能家居项目在哪里？

1997 年，深圳梅林一村就开始安装智能家居，当时沿用美国 moore（梅林一村所使用产品的制造商）的叫法"CDT（Customer Digital Terminal，用户数据终端）"。梅林一村占地 40 万 m^2，总建筑面积 80 万 m^2，有各类住宅 7000 余套，由深圳市住宅局开发。智能家居采用美国 Moore 公司的家庭智能终端，是由深圳有线电视天成数据网络公司于 1999 年通过有线电视综合信息网（HFC）双向传输改造开通的，包括防盗报警（可视对讲、门磁开关、红外线探头、紧急求助按钮等）、燃气泄漏探测、保安巡更、闭路电视监控、自动三表（自来水、直饮水和燃气）抄送系统等。通过有线电视电缆"猫"，可为住户提供高达 10M 的数据接口，住户可和管理处进行通信，参加社区管理，享受社区文化，还可逐步享受到高速上网、IP 电话、数字视频服务等，基本实现数据、语音、视频服务的"三网合一"，开通后采用包月制收费：终端设备一次性收费 800 元，使用费每月 200 元。

96. 中国目前知名的智能家居项目都有哪些？

入选 2008 年十大经典智能建筑项目的广州汇景新城是一个典型的智能家居项目。另外，还有深圳红树西岸、杭州和家园等近两年建设的智能家居项目。

97. 国内成立的第一个智能家居组织机构是什么？

2004 年，中国室内装饰协会智能化委员会成立，是第一个全国智能家居的推进与指导组织。

98. 国内第一本智能家居专业书籍是什么？

《智能家居》，2002 年人民邮电出版社出版，向忠宏著。

99. 中国最大的智能家居网站是什么？

中国智能家居网 www.smarthomecn.com，提供全面的智能家居信息，并监测着 50 多家智能家居品牌厂商，为 20 多个智能家居品牌厂商提供品牌宣传、广告服务，为多个智能家居项目提供顾问服务。

100. 智能家居的网上交流社区？

千家论坛 - 智能家居论坛板块，www.1000bbs.com/index.asp？boardid=94，分为 8 个交流栏目：智能家居系统、家居布线与家庭组网、家居照明系统、家庭安防、背景音乐、家庭影院与多媒体、环境控制和数码精品等。

第9章

智能家居控制主机的选型

智能家居控制主机选型表

功能｜主机型号	KC868-S	KC868-F	KC868-G	KC868-GS	KC868-H8	KC868-HG8	KC868-H32	KC868-I
315MHz 发射	●	●	●	●				
315MHz 接收	●	●	●	●				
433MHz 发射	●		●	●				
433MHz 接收	即将支持	即将支持	即将支持	即将支持				
Zigbee 双向通信	●	●	●	●				
Zigbee 功率增强	●							
继电器有线控制					●	●	●	●
有线传感器接入					●	●	●	●
有线以太网接入	●	●			●	●	●	●
WiFi 无线网接入			●					
GPRS SIM 卡接入	●			●		●		
RS485 接口扩展	●							
RS232 接口扩展		●			●		●	
内置红外线转发			●	●				
APP 语音控制	●	●	●		●		●	●
语音音箱交互	●	●	●	●	●	●	●	●
云端数据存储	●	●	●	●	●	●	●	●
APP 配置操控	●	●	●	●	●	●	●	●
固件自助升级	●	●	●	●	●	●	●	●
支持二次开发	●	●	●	●	●	●	●	●
LOGO 可定制	●	●	●	●	●	●	●	●
中性外包装			●	●	●	●	●	●